만약에
과학

만약에 과학 - 우주 -

초판 인쇄 2020년 11월 20일
초판 발행 2020년 12월 1일

지은이 천민우
펴낸이 유해룡
펴낸곳 ㈜스마트북스
출판등록 2010년 3월 5일 | 제2011-000044호
주소 서울시 마포구 월드컵북로 12길 20, 3층
편집전화 02)337-7800 | **영업전화** 02)337-7810 | **팩스** 02)337-7811
원고투고 www.smartbooks21.com/about/publication
홈페이지 www.smartbooks21.com

ISBN 979-11-90238-29-8 03400

만약에
과학

○ 우주 ○

천민우 지음

스마트북스

만약 일상이 과학 같다면

여러분의 오늘 하루는 어땠나요? 어제와 같았나요? 당연한 말이지만 하루가 항상 똑같을 수는 없습니다. 일상에 큰 변화가 없어도 우리는 매일 다른 날을 보내죠. 그리고 과학적으로도 우리는 어제와 완전 다른 하루를 보내고 있습니다. 무슨 이야기냐고요?

'하루'가 뭘까요? 우리가 하루라고 부르는 시간의 길이는 지구가 자전하는 시간을 의미하죠. 24시간으로 알고 있는 바로 그 시간입니다. 그런데 혹시 알고 계셨나요? 사실 하루는 24시간이 아닙니다. 하루의 시간은 정확하게 23시간 56분 4초로, 24시간보다 3분 56초가 짧죠. 우리가 사는 하루의 정확한 시간입니다.

하루의 시간은 과거부터 지금까지 계속 변했습니다. 실제로 과거 어느 때는 하루가 20시간이었고, 어느 때는 23시간이 하루였죠아, 물론 이건 아주아주 먼 옛날 옛적 이야기입니다. 그리고 지금은 23

시간 56분 4초입니다. 지금까지 24시간인 줄로만 알았던 하루가 이렇게 들쑥날쑥한 이유는 뭘까요?

하루의 시간이 바뀐 이유는 지구의 공전 때문입니다. 지구의 공전과 자전은 동시에 일어나는데, 지구가 완벽하게 원형으로 공전하지 않기 때문에 공전과 자전을 함께하면 어느 지점에서는 조금 틀어집니다. 그래서 24시간으로 딱 떨어지는 게 아니라 조금 부족한 시간이 된 거죠. 그래서 우리의 하루도 매일 다른 하루입니다. 이렇게 우리는 지구의 영향을 참 많이 받으면서 살고 있죠.

이번에는 우주를 살펴볼까요? 우주는 정말 거대하죠. 우리가 상상할 수 없을 정도입니다. 우주를 설명하는 숫자 또한 우리는 평생 경험할 수 없는 거대한 친구들입니다. 여러분이 우주에 대해서 상상하는 것보다 실제 우주는 더 크고 웅장할 겁니다. 현재 시점에서 우리가 관측한 우주의 크기는 지구를 중심으로 약 960억 광년 큰 크기입니다. 하지만 이 역시 우리가 관측 가능한 크기일 뿐 정확히 얼마나 거대한지는 알 수 없습니다. 그리고 그 너머에 존재하는 우주는 인간이 절대로 볼 수 없는 영역이죠. 왜냐하면 빛이 유한한 속도로 이동하기 때문입니다.

시각적인 정보를 받으려면 빛이 정보를 가져와야 하는데, 우리가 보는 빛의 정보는 우주가 탄생했다고 추정되는 138억 년 전의 빛입니다. 그 빛을 한 통의 편지라고 생각해볼까요? 우리가 편지를 쓰고 누군가에게 보내려면 우체국에서 출발해서 받는 이에게 도착할 때까지는 얼마간의 시간이 필요하죠. 우주에서 출발한 빛이 우리에게 정보를 전달하는 것도 똑같습니다. 지금 우리가 보는 빛은 우주가 약 138억 년 전에 쓴 편지고, 이 편지를 우리에게 전달하기 위해서 빛은 138억 년이라는 엄청 긴 시간을 날아왔습니다. 그리고 마침내 지구에 도착하게 된 거죠.

그리고 빛이 지구로 열심히 날아오는 동안에도 우주는 계속 팽창하고 있었기 때문에, 138억 년 전에 이 편지가 출발했던 곳은 465억 광년 거리로 더 멀어졌습니다. 이처럼 우리가 관측할 수 있는 우주는 실제 우주와 비교했을 때 너무나 협소한 크기입니다. 우주에서 우리가 얼마나 작은 존재인지를 다시 한 번 깨닫게 해주죠. 그리고 거대한 우주에는 또 우리가 상상할 수 없을 정도로 많은 별과 행성들이 존재합니다.

우리 은하에는 2천억 개에서 4천억 개의 별이 있다고 알려져 있습니다. 우리가 관측 가능한 우주에만 약 2천억 개의 은하가 있으니, 하나의 은하에 평균 3천억 개의 별이 있다고 한다면 우주에는 무려 600해 개의 별이 있는 겁니다. 정말 말도 안 되는 숫자죠. 하지만 이 또한 그저 별의 숫자일 뿐 행성의 숫자는 아닙니다. 행성의 개수까지 포함하면 더 어마어마하죠. 모든 항성이 행성을 가지고 있지는 않으니, 그 점을 고려해 별들이 평균 2개의 행성을 가지고 있다고 예상하고 계산해보면, 약 1,200해 개 이상의 행성이 있다고 예상해볼 수 있습니다. 진짜 이런 숫자는 태어나서 본 적이 없습니다. 여러분은 있으신가요? 상상을 하려고 해도 상상이 안 되는 숫자죠.

우리가 뉴스에서 인파가 많이 몰렸다는 소식을 들을 때, 10만 명만 모여도 끝도 없는 사람들의 행렬을 보게 되죠. 1억 명이 모여 있는 모습이나 이보다 더 많은 사람들이 모였다는 소식을 들어본 적이 없습니다. 이렇게 생각해보면 지구 안에서도 우리는 너무나 작은 존재지만, 우주로 범위를 넓히면 정말 너무나 작게 느껴집니다. 그리고 이런 궁금증이 생깁니다. '이렇게 거대한 공간에 우리만 존재한다는 게, 정말 말이 되는 걸까? 우리 말고 또 다른 생명체가 없다는 게 맞을까? 저 멀리 어딘가에 외계인이 있지 않을까?'

이렇게 거대한 숫자로 가득한 우주에 우리만 존재한다는 건 쉽게 납득하기 힘듭니다. 외계인이 없다고 주장하는 건, 이 거대한 우주를 무시하는 거 아닐까요? 우리가 짐작할 수도 없는 곳에 누군가는 있을 겁니다. 그 누군가가 우리와 비슷한 생김새를 가졌을 수도 있고, 아닐 수도 있지만요. 우리가 매일 보는 하늘 어딘가에 우리와 같을 수도, 또 우리와 완전히 다를 수도 있는 생명체들이 살아가고 있는 거죠. 만약 그 존재가 실제로 없다고 해도 이런 상상이 일상을 조금 더 풍요롭게 만들어주지 않나요?

우리가 무심코 지나쳤던 하늘에도, 우리가 매일 똑같아서 지루하다고 느끼는 일상에도 사실은 비밀 아닌 비밀들이 곳곳에 숨어 있습니다. 그리고 이런 비밀들은 일상을 새롭게 느끼게 하고 변화시키죠. 이 책이 여러분들에게 그런 재미를 줄 수 있었으면 합니다. 일상을 재미있는 이야기로 상상해보는 것, 사소한 것에 호기심을 가지도록 하는 것, 오늘을 어제와 다른 눈으로 보도록 도와주는 역할이 되면 좋겠습니다. 다시 한 번 묻고 싶습니다. 여러분의 오늘 하루는 어제와 똑같았나요?

마지막으로 책을 시작할 수 있게끔 도와주신 위정훈 편집장과 책을 끝낼 수 있게 도와준 안진숙 편집장, 스마트북스에 감사한 마음을 전하고 싶습니다. 그리고 처음 채널을 열었을 때부터 지금까지 저를 응원해주시는 읍둥이들♥에게도 정말 사..사... 아니 감사하다는 말을 꼭 전하고 싶습니다.

2020년 12월
어제와 다른 오늘을 보내며
천민우

○ 차례 ○

우주를 이해하고자 하는 노력은 인생을 웃음거리보다
좀 더 나은 수준으로 높여주는 몇 안 되는 일 중 하나이며,
이러한 노력은 인간의 삶에 약간은 비극적인 우아함을 안겨준다.

The effort to understand the universe is one of the very few things that
lifts human life a little above the level of farce,
and gives it some of the grace of tragedy.

- 스티븐 와인버그 Steven Weinberg

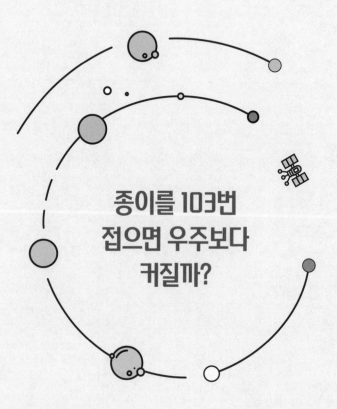

종이를 103번
접으면 우주보다
커질까?

여기 종이 한 장이 있습니다. 이 종이를 반으로 접으면 어떻게 될까요? 종이는 한 번 접을 때마다 두께가 2배 늘어납니다. 0.1mm 두께의 종이를 한 번 접으면 당연히 0.2mm가 되고요. 두 번 접으면 0.4mm가 되죠. 계속해서 종이의 두께가 2배씩 커

자동차쯤이야!
나는 종이로
지구도 만들었는데!

나 어제
종이를 접어서
자동차 만들었어.

지는 거죠. 만약에 종이를 무한대로 접을 수 있다면 어떨까요? 계속 두꺼워져서 언젠가는 우주만큼 커질 수도 있을까요? 그렇게 된다면 우리 손으로 또 다른 우주를 만드는 날도 올 수 있을까요?

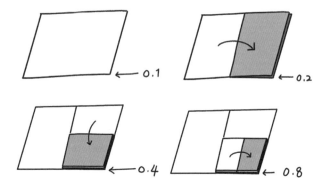

두께 0.1mm인 종이로 실험을 해볼게요. 이 종이를 한 번 접으면 두께는 0.2mm가 됩니다. 그리고 한 번 더 반으로 접으면 0.4mm가 되죠. 이렇게 종이를 계속 접으면 42번째 종이의 두께는 439,850km가 되는데요. 이 두께는 달과 지구 사이의 거리인 384,403km보다 더 큰 숫자입니다. 어마어마하죠? 그럼 종이를 더 접어볼까요?

이미 달보다 커진 종이를 계속 접으면 51번째쯤 됐을 때는 종이의 두께가 225,179,981km로 지구와 태양 사이의 거리인 1광년, 즉 $9,461 \times 10^{12}$km보다 무려 1.5배나 더 커지게 됩니다. 도저히 상상이 안 가는 숫자죠.

더 접어보죠. 우리가 종이를 68번 접으면 종이의 두께는 59,029,581,035,871km가 됩니다. 이를 광년으로 바꿔보면 6.2광년으로 태양을 제외하고, 우리와 가장 가까운 항성인 프록시마 센타우리Proxima Centauri와 지구 사이의 거리인 약 4.2광년을 가 뿐히 넘기게 됩니다. 마지막으로 여기서 종이를 더 접어 103번 접으면, 그 두께는 1자 141해 2,048경 178조 3,880억km, 즉 1,071억 9,261만 9,335광년으로 우리가 관측 가능한 우주의 지름인 960억 광년보다 더 커집니다.

종이가 우주 전체보다 어마어마하게 커지는 거죠. 그런데 정말 이런 일이 가능할까요? 지금 여러분이 생각하는 것이 맞습니다. 불가능하죠. 궁금하다면 A4 용지를 하나 준비해보세요. A4 용지 한 장을 손으로 접으면 아무리 힘이 좋아도 7번 이상 접을 수 없습니다. 왜냐하면 7번 접힌 종이는 종이 128장이 겹쳐 있는 것과 같은 두께이기 때문이죠.

더 이상 접지 못하는 이유가 두께만은 아니에요. 종이의 면

적도 문제입니다. 7번 접은 종이는 너무 작아서 제대로 힘을 줄수가 없어요. 그래서 사람의 힘으로는 이렇게 두꺼운 종이를 접을 수 없습니다. 아, 만약 유압 프레스 같은 장비가 있다면 한 번정도는 더 접을 수 있을 거예요. 하지만 아무리 기계의 힘을 빌린다 해도 이 이상은 어려워요.

여러분 손에 지금 A4 용지 한 장이 있나요? 그걸 한 번 접어보세요. 너무 당연하지만 종이를 한 번 접으면 종이의 면적이 절반으로 줄어들죠. A4 용지의 면적은 $62,370mm^2$입니다. 이 종이를 반으로 접고 또 접고 또 접어서 103번 접었다

고 가정하면 그 면적은 6.2E-27mm²이 되는데, 이는 중성미자보다 약 1,000배나 작은 면적이에요. 눈에 보이지 않을 정

도로 종이의 면적이 줄어들죠. 그래서 현실적으로 종이를 103번 접는다는 건 말이 안 됩니다. 엉뚱한 상상 하나만 더 해볼까요?

종이의 면적이 작은 게 문제라면 엄청 큰 종이로 접으면 어떻게 될까요? 여러분 앞에 종이의 끝 모서리가 보이지 않을 정도로 엄청 큰 크기의 종이가 있다고 가정해봅시다. 이 정도의 종이라면 103번의 종이 접기 가능하지 않을까요?

　원하는 답을 드리지 못해서 미안하지만 이번에도 역시 불가능합니다. 종이를 한 방향으로 103번 접는다고 가정해볼게요. 이 종이를 103번 접기 위해서는 접는 방향의 길이로만 무려 5,384,901,071,592,526,384,602,496,283,274,386,468,785,314,891,932,537,350km 5.38E+54km 의 종이가 필요해요. 너무 큰 숫자라 상상조차 하기 힘들죠. 이 길이를 광년으로 환산하면 5.6E+41ly이 되는데요. 이는 우리가 관측 가능한 우주보다 5,833,333,333,333,333,333,333,333,333,333배 5.8E+30 정도 큰 크기입니다. 우주에 존재하는 모든 물질을 이용한다고 해도 만들 수 없을 정도로 거대한 크기의 종이죠. 즉 우리가 알고 있는 이론적으로 관측 가능한 우주에서는 절대 존재할 수 없는 크기의 종이라는 거죠. 그래서 면적을 늘리는 방법으로도 종이를 103번 접는 것 자체가 불가능하니 우주보다 커질 수도, 또 다른 우주를 만드는 것도 불가능합니다.

내겐 너무 가까운 항성 '프록시마 센타우리'

프록시마 센타우리Proxima Centauri는 남반구 하늘의 센타우루스자리 방향으로 지구로부터 약 4.244광년 떨어진 곳에 있는 항성입니다. 1915년 스코틀랜드 천문학자 로버트 이네스Robert Innes가 발견했으며, 지구에서 가장 가까운 항성이지만 맨눈으로는 관찰하기 어렵습니다. 질량은 태양의 8분의 1 수준이며, 평균 밀도는 태양의 약 33배, 지름은 태양의 7분의 1입니다.

2013년 허블 우주 망원경으로
촬영한 프록시마 센타우리
(출처 : ESA/Hubble & NASA)

2016년 8월 국제 공동 연구진이 프록시마 센타우리 주위를 도는 외계 행성 '프록시마b'를 발견했고, 아주 흥미로운 사실을 발표했습니다. 프록시마b가 지구와 아주 비슷한 환경을 가졌고, 물이 있을 가능성도 있다는 내용이었습니다. 또한 생명체가 존재할 수 있다는 내용까지 발표하면서 과학계에 큰 관심을 받았습니다.

최근 프록시마b에 형제 행성 '프록시마c Proxima c'가 있다는 증거도 발견되었습니다. 이탈리아 토리노대학교의 천체물

프록시마 센타우리를 도는
프록시마b
(출처 : ESA/Hubble & NASA)

리학 교수 마리오 다 마소 Mario Damasso 와 그리스 크레타대학교의 물리학 교수 파비오 델 소르도 Fabio Del Sordo 가 이끄는 연구팀이 그 흔적을 찾아냈는데, 센타우리b, c의 모성인 프록시마 센타우리의 흔들림에 주목했습니다. 행성은 모성의 중력에 영향받는데, 모성 역시 주변 행성의 중력에 의해 흔들리게 됩니다. 이는 외계 행성을 찾는 데 중요한 자료이기도 합니다.

프록시마b와 c에 대해 명확하게 결론이 난 것은 아무것도 없습니다. 다만 프록시마b, c의 발견만으로도 우주에 우리가 알고 있는 것보다 훨씬 더 많은 외계 행성이 있을 수 있다는 걸 증명한 중요한 발견입니다.

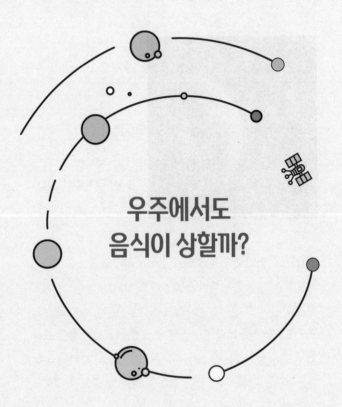

우주에서도
음식이 상할까?

부패는 부패균에 의해 음식의 색이나 맛이 변하는 걸 말합니다. 물론 화학적인 원인을 보태면 수소와 산소 등에 의해서 부패가 일어날 수 있지만, 주원인은 부패균이죠. 쉽게 말해 부패균이 있어야 음식이 썩는다는 거죠.

부패는 일반적으로 겨울보다 여름에 더 빨리 일어나는데, 이는 부패균이 활동하는 데 여름이 더 좋은 조건이기 때문입니다. 온도가 높고 습한 환경에서 부패균은 더 활발히 활동할 수 있기 때문에 여름에 음식이 더 쉽게 상하는 겁니다. 그렇다면 우주에서는 어떨까요? 부패균 때문에 음식이 상한다면, 균이 살아갈 수 없는 환경인 우주에서는 음식도 안 상하지 않을까요?

재밌는 상상 실험을 해보죠. 여기 달콤한 누텔라 잼을 바른 식빵을 준비했습니다. 식빵에 여백이 없도록 잼을 잔뜩 바르고, 전자레인지에 살짝 돌려 아주 맛깔나게 만들어서 우주로 장기간 여행을 보내려고 합니다. 과연 이 빵은 우주 공간에서 상하게 될까요?

아주 오랜 시간이 흐르고 잼을 바른 식빵을 보면 어떤 상태일까요? 달콤한 잼까지 발라놓았으니, 지구였다면 벌써 온갖 벌레가 붙고 여기저기 곰팡이가 피어서 심한 악취를 풍기고 있겠죠. 그런데 우주에서의 식빵은 우주로 여행 가기 전과 크게 달라 보이지 않습니다. 적어도 겉모습을 봤을 때는요. 지구에서의 모습과 비교하면 그저 조금 푸석푸석해졌을 뿐 별다른 변화가 없습니다. 오! 그럼 이거 먹을 수 있을까요? 이 식빵은 썩지 않은 걸까요?

그건 아닙니다. 이 식빵을 크게 확대하면 부패가 진행된 걸 확인할 수 있습니다. 지구와 비교하면 부패가 심하게 일어나지는 않았지만, 지구에서 잼을 바른 그때와는 전혀 다른 상태입니다. 적은 부분이지만 분명 부패한 흔적이 보입니다. 우주에서도 음식이 상하는 거죠. 겉이 멀쩡하다고 함부로 먹었다간 큰일

납니다!

　그런데 좀 이상하죠? 부패는 부패균이 주원인이고, 우주에서는 미생물이 생존할 수 없으니 당연히 썩으면 안 되는 거 아닌가요? 근데 식빵은 왜 상한 걸까요?

　이유는 간단합니다. 부패균이 우리의 생각보다 훨씬 더 대단한 녀석들이거든요. 아, 물론 우주 공간에서 음식이 상하는지 실제로 실험을 해본 사람은 없습니다. 직접 실험해보지 않아도, 이 녀석들의 실체를 알면 결과를 예상해볼 수 있죠. 지구만큼은 아니더라도 우주에서도 음식이 부패하는 이유는 우주 공간처럼 극한의 환경 속에서도 살아남는 미생물이 존재하기 때문입니다.

부패를 일으키는 미생물은 크게 '호기성균'과 '혐기성균'으로 나뉘는데요. 호기성균은 산소로 호흡해 에너지를 얻는 친구들입니다. 호기성균은 공기 중의 산소를 유난히 좋아해서 그 산소를 이용해 음식의 영양소를 산화, 분해합니다. 반면 혐기성균은 이름 그대로 산소를 싫어하는 세균들로 산소가 없는 곳에서 산화물의 산소를 빼앗아 영양소를 얻는 세균들이죠. 대표적인 혐기성균은 파상풍이고, 그 밖에 많은 토양균土壤菌이 여기에 속합니다.

혐기성균이 산소를 빼앗는 과정에서 황화수소나 아민 등이 만들어지는데요. 바로 이 유독 물질들이 악취의 원인입니다. 음식이 상하면서 고약한 냄새가 난다면 이 친구들이 여러분 대신 음식을 맛있게 먹었다고 생각하시면 됩니다. 그리고 이 혐기성균이 우주 공간에 있는 식빵의 누텔라 잼을 맛있게 먹은 범인이죠.

우리가 누텔라 식빵을 전자레인지로 돌려서 남겨놓은 따끈한 열기와 식빵, 누텔라가 자체적으로 가진 수분이 극한의 환경인 우주에서도 혐기성균이 활동할 수 있게끔 해준 겁니다. 우주 공간에서도 음식이 상하는 거죠. 물론 지구처럼 활발하게 활동하지는 못합니다. 그래서 아주 적은 부분만 상하지만, 우주에서도 음식은 상합니다. 아, 비록 겉으로 보기에는 여전히 먹음직스럽게 보이겠지만요.

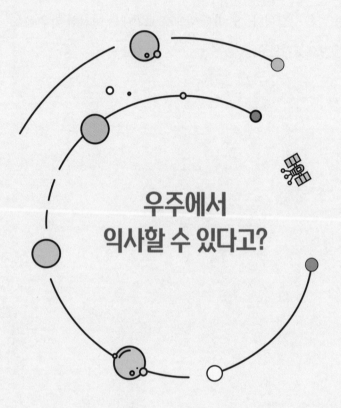

우주에서
익사할 수 있다고?

우주를 떠올리면 수많은 별과 행성들로 가득 찬 수족관이 생각날 때가 있습니다. 하지만 이건 우리의 상상일 뿐 현실 우주 공간은 거의 진공에 가까울 정도로 텅 비어 있죠.

현재 우리가 예상하기로 우주의 평균 밀도는 9.8×10^{-24}g/m^3으로, 이는 $1m^3$ 공간 안에 수소 원자 5개가 들어 있는 것과 같죠. 단순하게 이야기해서 우주는 완벽한 진공 상태라는 겁니다. 그런데 이렇게 텅 비어 있는 공간에서 물에 잠겨 죽을 뻔한 사람이 있습니다. 이탈리아 출신의 우주 비행사 루카 파르미타노Luca

Parmitano 가 그 주인공입니다.

루카 파르미타노는 엔지니어
출신의 우주 비행사로 2013년 5월
부터 11월까지 장기간의 임무를 받
고 국제우주정거장을 향해 길을 나
섰습니다. 그의 주된 임무는 우주정
거장 유지 보수 작업과 연구 샘플을
검색하는 일이었죠. 루카 파르미타
노는 주어진 임무를 문제없이 잘 수
행하고 있었습니다. 2013년 7월 9일

에는 이탈리아 출신의 우주 비행사 중 최초로 우주 유영을 성공
하기도 했죠. 그리고 일주일 뒤 두 번째 우주 유영 계획에 있었
습니다.

2013년 7월 16일, 루카 파르미타노는 두 번째 우주 유영을
위해 우주정거장의 해치를 떠났습니다. 그의 임무는 우주정거장
의 도킹용 부품을 러시아의 다목적 모듈로 교체하는 것이었습
니다. 모든 사건의 시작이 그렇듯 루카 파르미타노의 임무는 순
조롭게 진행되고 있었죠. 하지만 얼마 지나지 않아 루카 파르미
타노는 뭔가 서늘한 기운을 느끼게 됩니다. 바로 물이었죠. 그의
헬멧에 마치 땀이 찬 것처럼 물방울이 맺히기 시작한 겁니다. 처
음 물방울을 봤을 때 그는 자신이 헛것을 보고 있거나 몸 어딘

가에 문제가 생겨서 감각 이상이 온 것이라고 생각했습니다. 우주 공간에 물이라니?! 심지어 우주복을 입고 있는데, 물을 보고 느낀다는 것은 있을 수 없는 일이기 때문이죠. 그는 바로 지상 관제센터에 이 문제를 알렸습니다.

말도 안 되는 상황을 보고받은 관제센터의 반응은 차가웠는데요. 이 상황을 실제가 아닌 그의 정신적인 문제로 보았기 때문입니다. 실제로 우주에서 장기간 생활하는 우주 비행사들에게 이런 정신적인 문제가 종종 있었습니다. 물론 우주 생활이 불가능할 정로도 큰 문제가 있었다는 기록은 없지만, 우주에서의 폐쇄된 생활과 무료함은 우주 비행사의 정신을 흔들어 놓을 수 있죠. 관제센터는 이번에도 그런 경우라고 생각했습니다. 이게 문제였습니다. 루카 파르미타노의 정신은 너무나 멀쩡했거든요.

관제센터가 보고를 받고 상황을 정확하게 파악하기 위해 조사하는 시간이 길어질수록 그의 상태는 점점 더 안 좋아졌습니다. 처음에는 물방울만 맺히던 헬멧에 서서히 물이 차오르기 시작했고, 그 속도는 점점 빨라졌습니다. 어느새 물은 그의 턱까

지 차올랐고, 곧 얼굴과 헬멧 전체를 덮기 시작했죠. 얼마의 시간이 지난 후 센터에서 그에게 복귀 명령을 내렸지만, 이미 늦은 때였습니다. 센터가 복귀 명령을 내린 그 시각, 루카 파르미타노의 우주복 안에는 물이 가득 차서 눈과 귀를 모두 덮어버린 상태였습니다. 그래서 그는 아무것도 볼 수도 들을 수도 없었습니다.

거대한 우주 공간에서 바다에 빠진 듯 영원히 미아가 될 뻔한 절체절명의 순간, 루카 파르미타노를 구한 것은 바로 동료들이었습니다. 동료들은 모든 감각을 잃어버린 그의 손에 우주선과 연결된 외부의 와이어를 잡을 수 있도록 도와줬죠. 생명선을 붙잡은 루카 파르미타노는 가까스로 정신을 차려 천천히 우주선을 향해 나아갔습니다.

그리고 마침내 루카 파르미타노는 그를 도와준 동료들과 함께 우주정거장의 내부로 들어올 수 있었습니다. 조금만 늦었다면 상상도 하기 싫은 일이 일어났을 겁니다. 도대체 어떻게 루카 파르미타노의 우주복에 물이 찼던 걸까요? 우주 공간에는 물도 없고, 설령 물이 있다 해도 절대 우주복 안으로는 들어올 수 없는데…. 혹시 우리가 모르는 짓궂은 외계인의 장난이었을까요?

문제는 우주복 내부에 있었습니다. 모든 우주복에는 우주비행사의 체온을 유지시키기 위해 냉각수를 넣습니다. 여기서 궁금하시죠? 체온을 유지하기 위해 냉각수를 넣는다니? 엄청 춥겠는데?

우주복 안에 있는 냉각수는 우주복 내부의 온도를 내려주는 역할을 하는데요. 우주는 영하 270℃에 달할 정도로 추운 공간이지만, 온도를 전달해줄 물질이 존재하지 않아서 실제로 우주 공간에서는 춥다는 걸 느낄 수 없습니다. 우주 공간에 맨몸으로 있으면 얼어 죽는다는 건, 우리 몸에 있는 수분이 열을 전달해주는 매개체가 되어 몸의 열을 빼앗기 때문이죠. 오히려 태양 빛에 노출되어 우주복 내부의 온도가 서서히 올라가게 됩니다. 이런 이유로 우주복 안에 냉각수가 필요한 거죠.

루카 파르미타노의 우주복 내부를 덮쳤던 물은 바로 이 냉

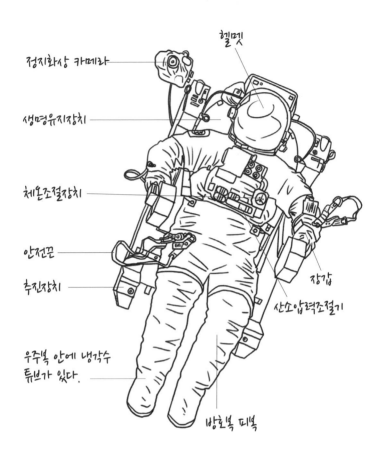

정지화상 카메라

헬멧

생명유지장치

체온조절장치

안전끈

추진장치

장갑

산소압력조절기

우주복 안에 냉각수
튜브가 있다.

방호복 피복

각수였습니다. 우주복 내부에 있던 냉각수가 터지는 바람에 우
주에서 익사할 뻔했던 거죠. 이 사건 이후 NASA는 긴급한 상황
이 아니면 우주 유영을 금지한다는 결정을 내렸습니다. 다른 우
주복에도 똑같은 문제가 일어날 수 있기 때문이죠.

이후 루카 파르미타노는 자신의 남은 임무를 무사히 마쳤고, 고향으로 돌아오게 되었습니다. 더불어 이탈리아인 중 최초로 우주 유영에 성공한 우주 비행사라는 명예로운 타이틀과 물 한 방울 없는 우주에서 익사할 뻔한 지구인이라는 웃지 못 할 타이틀도 가지게 되었죠.

우주복은 사람을
어떻게 보호할까?

우주 비행사가 우주선 밖으로 나가 우주 유영을 하려면 우주복은 필수입니다. 만약 우주복을 입지 않고 우주에 나가면 산소 부족과 강력한 방사선으로 인해 죽음을 맞이하게 될 겁니다. 그래서 우주복은 공기가 통하지 않는 외부와 완벽하게 차단되어 있습니다.

우주 유영하는 우주 비행사

우주에서 사용할 수 있는 우주복은 다음과 같은 조건을 가져야 합니다. 먼저 우주 공간에 나가면 태양에 직접적인 영향을 받아서 고온과 극저온의 경계를 왔다 갔다 하는데요. 그래서 첫 번째 조건은 이런 지독한 외부의 온도를 이겨내면서

우주 쓰레기

우주 비행사의 체온을 유지해줄 수 있어야 합니다.

두 번째는 우주 비행사가 배출한 이산화탄소를 흡수, 저장할 수 있어야 합니다. 우주복을 입으면 자동으로 공급되는 공기로 호흡하게 됩니다. 하지만 우리가 호흡을 뱉으면 이산화탄소가 나오죠. 이때 발생한 이산화탄소를 우주복 바깥으로 빼지 않으면 집중력 저하, 두통 등 가벼운 컨디션 저하는 물론이고 장시간 지속되면 생명에 큰 위협이 될 수도 있습니다.

또 우주에는 생각하는 것보다 쓰레기가 많습니다. 모두 우리가 발사한 인공위성의 잔해들이죠. 이런 쓰레기들은 굉장히 빠른 속도로 움직이기 때문에, 아주 작은 조각이라도 우주복과 부딪치면 우주복이 찢어지는 등 손상을 입게 됩니다. 물론 안에 있는 사람도 같이 상처를 입죠. 그래서 세 번째 조건은 무조건 튼튼해야 합니다. 이 외에도 여러 가지 조건이 있지만, 가장 중요한 건 우주 공간과 우주인을 완벽히 분리시켜야 한다는 점입니다.

신형 우주복을 입은 우주 비행사들

2020년 NASA는 신형 우주복을 공개했습니다. 2020년 3월, 여성 우주 비행사가 처음으로 우주 유영을 시도하다가 우주복 때문에 무산된 일이 있었죠. 기존 우주복은 특정한 사이즈만으로 제공되어 다양한 옵션을 선택할 수 없었습니다. 그래서 지금까지 우주 유영은 대부분 남성 우주 비행사의 몫이었죠. NASA가 공개한 신형 우주복은 우주인의 신장에 따라 늘려 입을 수 있다는 큰 특징이 있습니다.

여성 우주 비행사도 무리 없이 우주 유영을 할 수 있도록 설계됐습니다. 다양한 크기와 부품, 어깨를 조절할 수 있는 기능을 내장해 남성뿐만 아니라 여성도 쉽고 빠르게 우주복을 입을 수 있도록 했죠. 그리고 달의 표면에서도 최대한 자유롭게 움직일 수 있도록 유연한 구조로 만들었습니다. 팔과

신형 우주복을 입고 월석을 줍는 동작 시연

다리, 허리 등 우주인의 움직임에 방해가 되지 않도록 각종 베어링 시스템의 성능을 높여서 우주복 공개 때 우주복 엔지니어는 새로운 우주복을 입고 앉았다 일어서기, 팔 돌리기 등 다양한 동작을 선보였습니다. 새로운 우주복은 2024년 달 탐사 때부터 쓰일 예정이라고 합니다.

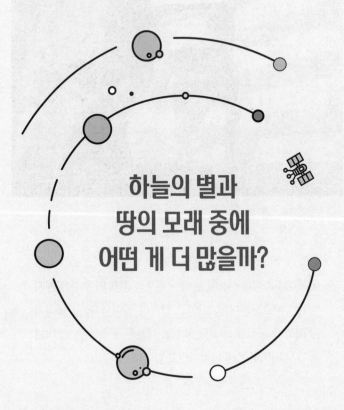

하늘의 별과
땅의 모래 중에
어떤 게 더 많을까?

우주는 우리가 상상할 수 없을 정도로 거대하고 광활합니다. 우리와 가장 가까운 항성인 태양은 지구와 1광년의 거리에 있는데요. 1광년은 $9,461 \times 10^{12}$km로 지구의 둘레보다 3,733배 더 긴 거리입니다. 너무 길죠? 누군가 이 거리를 걸어서 가겠다고 하면 잠시도 쉬지 않고 걸어도 무려 4,269년이라는 엄청난 시간이 걸립니다. 그래서 우주에서는 우리가 흔히 사용하는 m는 의미가 없습니다. m로는 어떤 거리도 제대로 표현할 수 없기 때문이죠. 그렇게 넓고 거대하고 광활한 곳에 아름답게 반짝이는 별이 있습니다. 그것도 아주 많이, 셀 수 없이 많이요.

우리 은하에는 약 2천억 개에서 4천억 개의 별이 존재합니다. 여기서 별의 개수를 최소로 잡고, 1초에 별을 하나씩 센다고 가정하면 우리 은하에 있는 별을 모두 세기 위해서는 약 380,517년이 걸립니다. 더 빠르게 1초에 10개의 별을 센다고 해도 38,051년이 걸릴 정도로 엄청 많은 별이 존재하는 거죠.

우리의 수명을 80세로 잡고 태어난 순간부터 죽을 때까지 평생 동안 1초에 별을 하나씩 센다고 가정하면 총 25억 개의 별을 셀 수 있고, 이는 실제 존재하는 별의 고작 0.83%밖에 되지 않는 아주 작은 숫자입니다.

반짝이는 별은 하늘에만 있는 게 아닙니다. 땅에도 있죠. 바로 햇빛에 반짝이며 빛나는 모래알입니다. 혹시 그런 생각해본 적 없나요? 도대체 이 많은 모래들은 어디서 왔지? 지구상에 모래는 총 몇 개일까? 저 멀리 사막에 있는 모래까지 포함하면 별보다 모래가 더 많지 않을까?

허블 울트라 딥 필드Hubble Ultra Deep Field 는 천구, 즉 우리를 감싸고 있는 공 모양 우주의 1/2,500만에 해당하는 면적을 촬영한 사진입니다. 이 사진 한 장으로 우주가 얼마나 거대한지, 또 우주에 얼마나 많은 천체가 존재하는지 알 수 있죠. 그럼 여기서부터 시작해볼까요?

1/2,500만 면적에 5,500개의 은하가 존재하니까 우리가 관측할 수 있는 우주에는 총 1,375억 개의 은하가 존재한다고 이

야기할 수 있습니다. 그리고 이 은하 하나에 존재하는 별의 개수를 평균 약 3천억 개로 잡으면, 관측 가능한 우주에는 총 412해 5,000경 개의 별이 존재한다고 할 수 있죠. 참고로 이건 제가 개인적으로 계산한 결과고, 실제로 우리가 관측한 별의 개수는 약 600해 개 정도가 됩니다. 정말 어마어마하죠? 별의 개수를 대충 세어봤으니, 이제 지구에 있는 모래알의 개수를 세어볼까요?

모래알을 세기 전에 먼저 지구를 바다와 육지로 나눠보겠습니다. 지구는 약 70%의 바다와 30%의 육지로 이뤄져 있고, 그중 육지의 면적은 약 5,200만km²입니다. 육지 면적에 모래알이 가득 있다는 전제하에 계산하면 모래알의 개수는 128해 7,383경 6,403조 2,481억 6,795만 4,050개입니다. 우리가 관측 가능한 우주에는 600해 개의 별이 있고, 지구에는 129해 개 정도의 모래알이 있으니 아직까지는 별이 모래알보다 4.7배 정도 더 많다는 걸 알 수 있습니다.

이번에는 지구 전체를 모래알이라고 가정해보죠. 그러니까 지구를 둘러싸고 있는 모든 땅을 쪼개서 모래알로 만들어보는 겁니다. 지구의 전체 면적은 총 1억 5,200만km²이므로 지구에 존재하는 모든 땅을 모래알과 같은 크기로 잘게 썰어보면 총 376해 3,121경 4,101조 8,023억 3,709만 6,454개 모래알이 존재한다는 결론을 내릴 수 있는데요. 엄청난 숫자지만 여전히 우주에 있는 별보다 적은 수입니다. 그렇다면 이번에는 지구 전체의

부피를 이용해 계산해보죠. 그러니까 지구를 하나의 거대한 항아리라고 가정하고, 이 항아리에 모래알이 몇 개가 들어가는지 보는 겁니다.

이렇게 가정하고 다시 모래알의 수를 계산하면 총 766해 2,103경 3,647조 3,905억 2,294만 6,552개의 모래알이 존재할 수 있는데요. 이는 관측 가능한 우주 전체에 존재하는 별보다 많은 개수지만, 여기에는 하나의 함정이 존재합니다. 우리가 600해 개라고 결론을 내린 별의 개수는 그저 관측 가능한 별의 개수로 전체 우주에 존재하는 별의 개수라고는 볼 수 없습니다. 왜냐하면 관측 가능한 우주 너머에도 당연히 우리가 모르는 우주 공간이 존재하기 때문이죠. 그래서 이곳에 존재하는 별의 개수까지 모두 합하면 우주에는 약 6,000해 개의 별이 있다고 추측해볼 수 있습니다.

따라서 지구 전체가 모래알로 가득 차 있다고 하더라도, 지구에 존재하는 모래알은 우주에 존재하는 별의 개수보다 적다고 결론 내릴 수 있죠.

별의 개수를 알아볼 수 있는 허블 울트라 딥 필드

허블 울트라 딥 필드는 화로자리 부분에 있는 조그만 영역을 찍은 사진입니다.

허블 울트라 딥 필드 사진

이 사진을 찍은 허블 우주 망원경은 지난 30년 동안 우주에서 활약하며 인류 탐험의 역사를 상징하게 되었습니다. '허블'이라는 이름은 미국 천문학자 에드윈 허블Edwin Hubble의 이름을 딴 것입니다. 수많은 천문학자 중에서 허블의 이름을 붙인 이유는 허블이 인류의 우주관을 뒤바꿔버릴 만큼 큰 업적을 세웠고, 이를 기리기 위해서라고 합니다.

허블 우주 망원경

허블 우주 망원경이 찍은 이 사진에는 약 5,500개에 이르는 은하들이 찍혀 있습니다. 우주의 한 부분을 찍은 것인데, 5,500개의 은하가 찍혔다는 건 우주가 얼마나 거대한지, 그리고 그 거대한 우주에 우리가 상상도 못할 존재들이 얼마나 많은지를 예상하게 합니다.

NASA의 과학자들은 허블 우주 망원경을 화로자리 방향의 허공을 향해 11.3일간 노출을 주면서 우주 공간을 찍었죠. 아무것도 없을 것 같았던 우주 공간에 수많은 은하들의 모습이 드러났습니다. 이 영역을 '허블 울트라 딥 필드 HUDF'라고 부르며, 이 영역에서 발견된 5,500개의 은하들이 모두 나이, 크기, 모양, 색깔까지 제각각인 걸 발견했고, 우주의 역사까지 가늠해볼 수 있었죠.

에드윈 허블

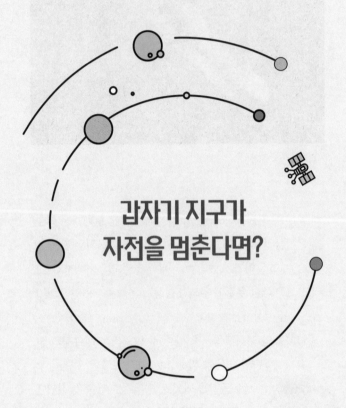

갑자기 지구가
자전을 멈춘다면?

아침이면 해가 뜨고 저녁이면 해가 지는 것은 너무나 당연한 일이죠. 이는 모두 지구의 자전 때문에 일어나는 현상입니다. 지구는 하루에 한 바퀴씩 자전하고 있습니다. 만약 여러분이 적도에 있다면 시속 1,670km의 속도로 움직이고 있는 거죠. 이는 소리보다 약 1.4배 정도 빠른 속도입니다. 그렇다면 이렇게 빠르게 돌고 있는 지구가 어느 날 갑자기 멈춰버린다면 어떨까요?

지구는 공과 같은 모양을 가지고 있으므로, 우리가 서 있는 곳에 따라 지구의 자전 속도는 달라집니다. 속도는 거리/시간이므로, 지구의 둘레가 가장 긴 적도는 하루 동안 더 많은 거리를

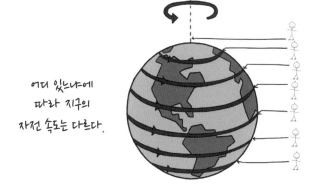

어디 있느냐에
따라 지구의
자전 속도는 다르다.

이동해서 지구의 자전 속도가 가장 빠른 지역이 되고요. 그 외에 적도를 중심으로 더 먼 거리에 있는 곳일수록 더 느린 자전 속도를 가지게 되는 거죠.

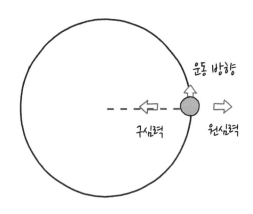

지구의 자전은 직선운동이 아닌 원운동입니다. 긴 줄의 끝에 달린 공을 생각하면 쉽습니다. 우리가 줄을 잡고 이 공을 돌리고 있다고 가정하면, 이 공이 느끼는 힘의 방향은 위 그림과 같습니다.

줄의 끝에 있는 공이 느끼고 있는 힘을 원심력이라고 합니다. 원심력은 물체가 한 방향으로 나아가려는 성질, 즉 관성때문에 생기는 힘입니다. 그런데 이 부분이 굉장히 호기심이 생기는 부분이죠. 우리는 지구와 함께 자전하기 때문에 항상 원운동을 하면서 계속해서 방향을 바꾸며 이동하고 있습니다. 그렇기 때문에 과학적으로 따지면 사실 우리는 매 순간 원심력을 느껴야 합니다. 앞서 이야기한 것처럼 매 순간 가속도 운동을 하기 때문이죠. 자동차가 급정거를 했을 때 우리의 몸이 앞으로 나가려는 힘, 관성을 느끼는 것처럼 어떤 힘을 느껴야 한다는 겁니다. 그런데 왜 우리는 아무것도 느끼지 못하죠? 원심력은 어디로 갔죠?

결론부터 이야기하면 우리가 원심력을 느끼지 못하는 이유는 지구가 너무 거대하기 때문입니다. 지구가 $360°$를 도는 데 24시간이 걸리죠. 계산해보면 1시간에 $15°$씩 방향을 바꾸고 있고, 초당 계산하면 $0.0041°$씩 방향을 바꾸고 있는 겁니다. 생각보다 굉장히 작은 값이죠? 사람이 느끼기에는 너무 미세하게 방향을 바꾸고 있는 거죠. 그래서 지구의 자전으로 인한 원심력을 우리는 느끼지 못하는 겁니다.

우리에게 지구의 자전, 즉 원운동은 직선운동과 같다고 할 수 있습니다. 그리고 당연하게도 지구가 항상 비슷한 속도로 자전하고 있다면, 마치 같은 속도로 움직이고 있는 기차를 타고 있는 것처럼 우리는 속도를 느낄 수 없습니다. 우리가 보통 속도를 느낄 때는 급정거를 하거나 급출발을 할 때죠.

물론 우리가 지구의 자전을 느끼지 못하는 데는 중력도 한몫합니다. 만약 중력이 없어서 우리가 지구 위에 둥둥 떠 있다면 우리는 발밑에서 시속 1,670km의 속도로 움직이는 거대한 땅을 볼 수 있을 겁니다. 하지만 실제로는 지구의 중력에 붙잡혀 있기 때문에 점프를 하거나 땅에서 떨어져 있는 상태에서도 지구와 함께 움직이게 되죠.

이런 현상은 실제로 쉽게 관측할 수 있습니다. 우리가 차를 타고 등속운동을 하고 있는 상태에서 머리 위로 공을 던진다고 가정해보죠. 이 공을 수직으로 던지면 공은 수직으로 날아올랐다가 다시 우리에게 떨어질 겁니다. 위로 던진 공과 차가 같이 움직이고 있기 때문이죠. 하지만 자동차가 갑자기 멈춘다면? 우리가 공을 던진 순간 갑자기 자동차가 멈추면, 이 공은 자동차가 달리던 속도와 같은 속도로 앞으로 날아가게 됩니다. 마찬가지로 자동차 안에 타고 있는 우리 역시 자동차가 달리던 속도와 같은 속도로 움직이려고 하기 때문에 우리의 몸도 앞으로 쏠리게 되죠.

지구가 갑자기 자전을 멈추면 이와 같은 현상이 일어납니다. 먼저 지구가 자전을 멈추는 순간, 우리를 포함한 건물이나 자동차 등이 시속 1,670km에 가까운 속도로 동쪽을 향해 날아가게 되는데요. 이는 지구가 자전축을 기준으로 서쪽에서 동쪽으로 움직이기 때문입니다. 그래서 지구가 멈추는 순간, 모든 것이 동쪽으로 빠르게 튕겨 나가게 되는 거죠.

하지만 이런 와중에도 안전한 곳이 존재합니다. 바로 지구의 극점인 남극과 북극입니다. 남극과 북극의 중앙은 자전축이 있는 곳으로 여기에서의 자전 속도는 0입니다. 그래서 우리가 남극과 북극의 중앙에 있을 수 있다면, 지구의 자전축에 붙어 있을 수 있다면 아주 잠깐은 안전하다고 할 수 있죠. 하지만 언제나 그렇듯 문제는 여기서 끝나지 않습니다.

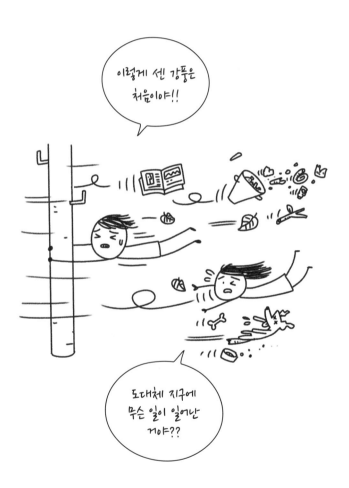

지구의 자전이 멈추고, 지구 위의 모든 것이 튕겨 나간 다음에 찾아오는 재앙은 바로 바람이죠. 이 끔찍한 바람은 우리의 몸이 튕겨 나가는 것보다 훨씬 더 위험합니다. 공기도 지구의 중력에 의해 붙잡혀 있고 우리와 함께 지구를 돌고 있습니다. 그래서 지구가 멈추고 바로 움직이지는 않지만 이후 공기도 우리와 같은 속도로 동쪽으로 움직이게 되죠. 마치 태풍처럼 바람이 불게 됩니다.

지금까지 국내에 큰 피해를 줬던 태풍의 최대 풍속이 초속 17m, 시속 61.2km 정도 되는데, 지구의 자전이 멈춘 후 불게 될 바람의 풍속은 무려 시속 1,670km에 이릅니다. 지금까지 우리가 경험하지 못했던 정말 말도 안 되는 강한 바람이 지구 전체에 불어 닥치는 겁니다.

바람이 이렇게 불면 어떻게 될까요? 길게 설명하지 않아도 아시겠죠? 여러분이 모두 예상하는 것처럼 지구에는 아무것도 남아 있지 않을 겁니다. 마치 거대한 빗자루가 지구 표면을 쓸어버린 것처럼 되겠죠. 그렇다면 지구의 극점에 있는 사람들은 어떻게 되었을까요? 이 사람들은 모두 살아남았을까요? 앞서 이야기한 것처럼 지구의 자전이 멈추는 순간에 이곳에 있는 사람들은 다른 곳에 있던 사람에 비해 안전합니다. 하지만 이곳도 강한 바람은 피할 수 없죠. 다른 곳과 똑같이 바람 때문에 생존하기는 어렵습니다.

강력한 바람이 지구 전체를 휩쓸면서 바다도 바람에 의해 엄청난 영향을 받게 됩니다. 물론 지구의 자전이 멈추는 것, 그 자체도 한몫했죠. 그리고 이렇게 영향을 받은 바다는 바람과 함께 지구의 모든 것을 한 번 더 쓸어버리게 될 겁니다. 지구 전체에 엄청난 해일이 발생함과 동시에 서서히 모든 바닷물이 지구의 극점으로 이동하는데요. 그래서 이 시기에 지구의 극점은 바닷물로 가득 차게 됩니다. 지구의 극점에서 운 좋게 살아남은 사람들은 밀려온 바닷물에 의해 모두 소멸하게 되죠. 너무 끔찍하죠. 하지만 여기서 끝나지 않습니다.

자전이 멈춘 지구에는 밤과 낮의 길이도 변하는데요. 적도를 기준으로 보면, 적도 부근에서 낮과 밤은 각각 6개월 동안 유지됩니다. 1년 중 6개월은 낮이고, 6개월은 밤이 되는 거죠. 그리고 적도 이외에 나라들은 적도와의 거리에 따라 최대 1년을 주기로 낮과 밤이 바뀌게 될 겁니다.

그리고 지구의 자전이 멈추는 순간부터 지구의 자기장은 작동하지 않게 되는데요. 그래서 지구는 더 이상 자기장의 보호를 받을 수 없는 상태가 됩니다. 태양이 쏟아내는 엄청난 양의 방사능에 그대로 노출되는 거죠. 정말 운 좋게 살아남은 몇몇 생명체가 있다면, 이 시기에 모두 죽음을 맞이하게 될 겁니다.

결국 지구의 자전이 멈추는 순간, 지구는 지옥의 행성이 된다고 말할 수 있습니다. 그렇다면 정말 이대로 모든 게 끝나는

반년 동안 낮이라서 잠도 못 자.

햇빛을 못 보니 우울증 걸릴 거 같아.

걸까요? 그 후에 지구가 다시 자전을 시작한다면 예전의 환경도 되찾을 가능성이 있을까요?

자전이 멈춘 후 지구는 버려진 행성이 되겠지만, 그래도 아직 희망은 있습니다. 우리에겐 '달'이 있잖아요. 지구가 멈추면 원심력이 약해진 달은 지구에 이끌려 지구와 가까워집니다. 그리고 이렇게 가까워진 달의 중력이 다시 지구를 끌어당기면서 지구는 다시 자전을 시작하게 될 겁니다. 지금 우리 곁에 있는 생명체들은 존재하지 않겠지만, 또 다른 생명이 살아가기 좋은 환경이 되겠죠.

우주정거장의 우주 비행사들은 속도를 느낄 수 있을까?

우리는 속도를 느낄 때 주변의 풍경에 영향을 받습니다. 예를 들어, 고속도로에서 운전하면 시속 100km로 굉장히 빠른 속도로 움직이지만, 그다지 빠른 것처럼 느껴지지 않죠. 이는 주변의 풍경이 크게 변하는 것 없이 스쳐지나가기 때문입니다. 반대로 주변의 볼 것이 많은 도시에서는 시속 100km로 운전하면 고속도로보다 더 빠른 속도로 달리고 있다고 느낍니다.

우주정거장에서도 마찬가지입니다. 우주정거장에서 볼 수

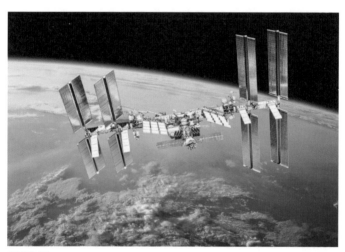

우주정거장

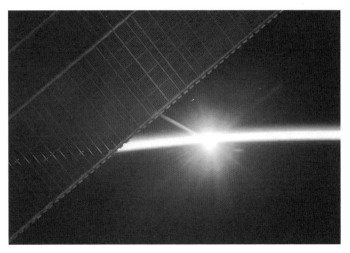

우주정거장에서 보는 일출

있는 풍경은 지구죠. 우주정거장 주변에는 빠르게 움직이는 것들이 없습니다. 그래서 실제로 우주 비행사가 창문을 내다본다고 해도 자신들이 얼마나 빠르게 움직이고 있는지 알 수 없죠. 또 항상 같은 속도로 움직이기 때문에 속도감도 느끼기 어렵습니다.

실제 우주정거장은 지구의 약 354km의 상공을 초속 7.66km의 속도로 공전하고 있습니다. 엄청 빠른 속도로 공전하고 있는 거죠. 우주정거장이 지구를 한 바퀴 도는 데 걸리는 시간은 고작 92분 정도입니다. 정작 우주 비행사들은 이렇게 빠른 속도를 느끼지 못하지만, 하루 동안 대략 15~16번의 일출을 보게 된다고 합니다.

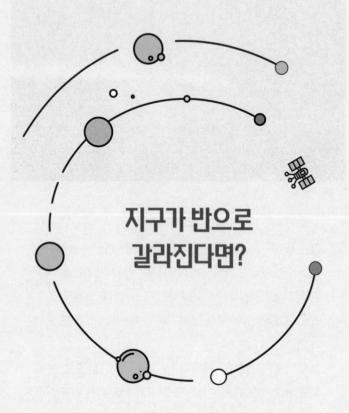

지구가 반으로
갈라진다면?

지구는 암석형 행성으로 반지름으로만 평균 6,371km에 달하는 거대한 행성입니다. 물론 우주의 입장에서 보면 지구도 먼지처럼 미세한 크기지만, 우리에게 이 먼지는 고향이고 늘 따듯하게 우리를 품어주는 어머니와 같은 행성이죠. 또 아직까지는 우주에서 지구처럼 물과 생명체가 넘쳐나는 곳은 찾지 못했으니 독보적이고 특별한 행성인 건 분명합니다. 우주에서도 유일무이하고 우리에게도 소중한 지구가 반으로 갈라진다면 어떤 일이 일어날까요?

　러시아의 북쪽에 위치한 콜라 반도에는 '콜라 초깊이 시추공Kol'skaya Sverkhglubokaya Skvazhina'이라는 깊은 구멍이 있습니다. 이 구멍은 지구의 내부를 실제로 관측하기 위해 시작된 프로젝트였습니다. 이 프로젝트로 인해 콜라 반도에는 12,262m나 되는 거대한 깊이의 구멍이 생기게 되었죠. 이렇게 깊은 구멍이 났는데도 여전히 지구는 파괴되지 않고 존재합니다. 참 신기한 일이죠. 이렇게 깊게 구멍을 내도 지구가 살아 있다면, 반으로 갈라져도 여전히 존재할까요? 지금부터 지구를 잘라보려고 합니다.

　먼저 지구를 반으로 자르기 전에 지구 내부의 상황을 조금 보도록 하죠. 지구의 내부는 지각, 맨틀, 외핵, 내핵으로 구성되어 있습니다. 지각은 지구의 가장 바깥쪽에 위치하는 부분으로, 두께는 평균 30,000m죠. 우리가 뚫은 가장 깊은 구멍의 깊이가 12,262m인 걸 생각하면 우리가 뚫었던 깊은 구멍은 지각의 반도 안 되는 깊이입니다. 그래서 사실 지구의 입장에서 콜라 수퍼 딥은 종이에 베인 상처 정도밖에 되지 않죠. 지구를 반으로 가른다는 게 얼마나 비현실적인 일인지 느낄 수 있는 부분입니다. 하지만 현실적으로 불가능하다고 해서 상상을 멈출 수는 없죠.

반으로 갈라진 지구는 반으로 가른 사과 두 쪽처럼 서로 떨어져 있게 됩니다. 이는 마치 자석을 반으로 자른 것과 같습니다. N극과 S극을 가지는 자석의 중간을 자르면 잘린 자석이 각각 N극과 S극으로 나뉘는 것이 아니라, 잘린 반쪽 상태에서 다시 N극과 S극을 갖게 됩니다. 즉, 자석을 반으로 자르면 반쪽짜리 자석이 되는 게 아니라 크기가 절반으로 줄어든 다시 하나의 자석으로 변하는 거죠.

지구도 마찬가지입니다. 반으로 잘린 지구는 각각 N극과 S극을 가지게 되고, 이로 인해 지구의 땅들이 서로를 밀어내기 시작합니다. 그리고 이런 갑작스러운 변화로 인해 갈라진 지구 곳곳에서는 엄청난 폭발이 일어나기 시작하죠. 이 폭발은 지구의 자기장의 변화로 인해 나타나는 것으로 우리가 만약 반으로 갈라진 지구의 표면 위에 있다면, 지구가 얼마나 매섭게 화를 내는지 두 눈으로 확인할 수 있을 겁니다. 이 폭발은 지구에 있는 모든 생명체에게 재앙이죠.

하지만 이 순간은 그리 길지 않을 겁니다. 반으로 갈라진 지구가 중력에 의해 서로 다시 붙어버리기 때문이죠. 그래서 지구는 다시 예전의 모습으로 돌아가게 될 겁니다. 물론 예전처럼 살기 좋은 곳이라고 부르기는 어렵겠지만, 오랜 시간이 지나면 지구는 예전과 같은 모습으로 되돌아갈 겁니다.

그렇다면 만약 반으로 갈라진 지구를 중력으로 다시 붙지 못할 정도로 멀리 떨어뜨려 놓는다면 어떨까요? 이 경우 역시 지구는 혼란스러울 겁니다. 이제는 남이 돼버린 두 행성이 서로 떨어져서 다시 붙을 수 없으니, 반으로 갈라진 지구의 중력은 자연스럽게 반으로 줄어들게 됩니다. 우리가 만약 이곳에서 몸무게를 잰다면 질량은 변하지 않겠지만 체중계의 저울은 절반으로 줄어들 겁니다. 중력이 줄었으니까요.

그리고 이렇게 약해진 중력으로 인해 지구의 대기도 반으로 줄어들게 됩니다. 반으로 갈라진 지구에서는 대기가 행성 외부로 빠져나가려는 대기 탈출 속도 역시 현저히 줄어들게 됩니다. 이 속도가 줄어들었다는 건 그만큼 행성의 대기가 쉽게 우주로 빠져나가게 된다는 것을 의미해요. 그래서 반으로 갈라진 지구엔 대기가 거의 남아 있지 않게 되죠.

또 이렇게 대기가 우주로 날아가면서 오존층을 이루는 오존도 지구를 빠져나가게 되는데요. 이는 반으로 갈라진 지구의

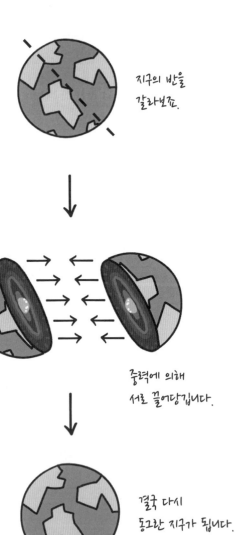

지구의 반을
갈라보죠.

중력에 의해
서로 끌어당깁니다.

결국 다시
동그란 지구가 됩니다.

표면에 태양광을 그대로 통과시켜 생명체에게 치명적인 피해를 줍니다. 만약 인류가 아직 지구에 살아 있다면 하늘을 쳐다보는 것만으로도 안구에 치명상을 입고, 햇빛을 그대로 받은 피부는 손상되어 피부암에 걸리게 되겠죠. 따라서 반으로 갈라진 지구엔 더 이상 생명체가 존재할 수 없는 곳이 되어버립니다. 하지만 문제는 여기서 끝나지 않죠.

지구의 질량이 반으로 줄어들면서 지구는 점점 태양으로 끌려갑니다. 뉴턴의 만유인력의 법칙에 따라 중력은 질량을 가진 두 물체가 서로를 끌어당기는 힘입니다. 하지만 두 물체의 중력이 작용하는 '중심'은 두 물체의 질량에 따라 달라지죠. 만약 두 물체의 질량이 같다면 두 물체의 중력 중심은 두 물체의 정 가운데가 되지만, 두 물체의 질량이 다르다면 중력 중심은 더 무거운 질량을 가지는 물체 쪽으로 이동하게 됩니다.

예를 들어, 지구와 사람의 경우 서로를 끌어당기고 있지만 지구의 질량이 사람에 비해 말도 안 되게 무겁기 때문에 지구와 사람 사이의 중력 중심은 지구의 중심으로 이동하게 되죠. 그래서 우리가 지구 쪽으로 끌려가는 것처럼 보이는 겁니다.

반으로 갈라진 지구와 태양도 마찬가지입니다. 지구의 질량이 반으로 줄었기 때문에 질량의 차이로 태양과 지구의 중력 중심은 태양 쪽으로 이동하고, 이에 따라 지구가 태양 중심을 향해 끌려 들어가는 겁니다.

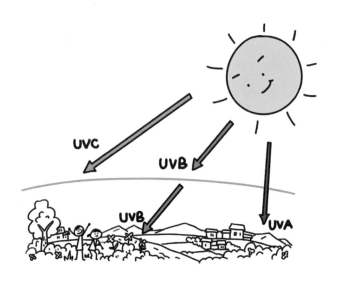

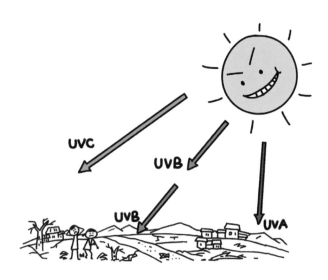

이 경우 두 가지 시나리오를 생각해볼 수 있는데요. 반으로 갈라진 지구가 태양 가까이 끌려가다가 주변 다른 행성들의 중력에 영향을 받아서 태양계 밖으로 튕겨 나가는 시나리오와 지구가 그대로 태양을 향해 돌진해 수성과 비슷한 궤도를 가지는 시나리오입니다. 물론 이 중에서 가능성이 더 높은 시나리오는 지구가 수성과 비슷한 궤도를 가지는 시나리오죠. 따라서 지구를 반으로 나눈 후에 서로 멀리 떨어뜨려 놓는 순간 우리는 지구를 잃는다고 결론 내릴 수 있습니다.

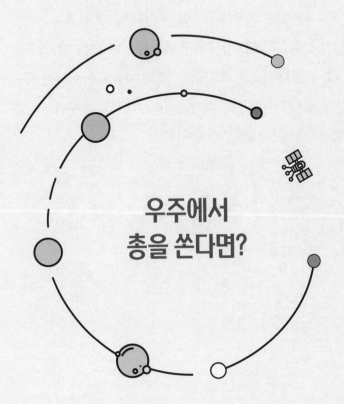

우주에서
총을 쏜다면?

우주를 배경으로 하는 SF영화나 소설을 보면 가끔 총격신이 등장합니다. 우주를 여행하는 문명이 등장하는 장면에서 클래식하고 묵직한 화약총을 사용하는 걸 보면, 마치 총을 쏘는 현대전에 돌도끼나 돌칼을 가지고 싸우는 것처럼 보이기도 하는데요. 문득 궁금해집니다. 우주에서 총을 쏠 수 있긴 한 걸까요?

우리가 방아쇠를 당겨 총알을 날려보내는 데 가장 중요한 역할을 하는 건 화약입니다. 화약이 순간적으로 불타며 생기는 에너지, 즉 폭발력으로 인해 총알이 발사되는 거죠. 그래서 화약에 불을 붙일 수 없는 상황에서는 총을 쏠 수 없습니다. 뭔가 이상하죠? 우주 공간은 거의 완벽에 가까운 진공 상태인데, 화약에 불이라니요?

화약에 불이 붙는 현상을 '연소'라고 하고, 연소는 어떤 물질에 열이 가해져 산소와 급격하게 반응하는 현상을 말합니다. 그렇다는 건 아무것도 없는, 즉 산소가 없는 우주 공간에서는 화약에 연소할 수 없다는 것인데, 어떻게 우주 공간에서 자유롭게 총을 쏠 수 있는 걸까요?

사실 우주 공간에서도 총은 문제없이 잘 발사됩니다. 단 현대식 총에 한해서요. 우리가 현대에 와서 사용하는 총의 탄피 안

에는 이미 연소에 필요한 모든 것이 들어 있습니다. 물론 아주 오래전에 사용하던 클래식한 총은 총구에 화약을 직접 밀어 넣고 불을 붙여야 하기 때문에 우주에서는 쏠 수 없겠죠. 그럼 탄피에 화약이 들어간 총이 준비됐다는 전제하에 실제로 총을 한 번 쏴볼까요?

우리가 총을 쏘고 가장 먼저 경험하는 지구와 다른 점은 아무 소리도 들리지 않는다는 겁니다. 너무 당연한 말이지만 우주에는 소리를 전달해줄 공기가 없기 때문에 지구에서처럼 고막이 찢어질 듯한 총소리는 들을 수 없습니다. 아, 물론 총소리를 꼭 듣고 싶다면 방법이 전혀 없는 건 아닙니다. 총을 헬멧에 아주 가까이 대고 발사하면 되는데요. 이렇게 총을 쏘면 작게 총성을 들을 수는 있지만, 별로 추천하고 싶지는 않습니다.

간다~

이렇게 세상 조용하게 발사된 총알은 지구에서처럼 포물선을 그리지 않고 앞으로 똑바로 날아갑니다. 이 또한 공기가 없기 때문이죠. 지구처럼 대기가 존재하는 곳에서 총알은 공기의 저항으로 포물선을 그리고 바람의 영향으로 궤도가 바뀌지만, 우주처럼 공기가 없는 곳에서는 공기의 저항이나 바람의 영향이 없어서 직진으로 똑바로 날아가게 됩니다. 언제까지? 어디까지?

우주 공간이 끝없이 거대하더라도 총알이 영원히 날아간다고는 할 수 없습니다. 우주가 거의 진공에 가깝기는 하지만 곳곳에 아주 적은 양의 물질들이 있어서, 이 물질의 영향을 받아 먼 거리를 날아가다가 언젠가 멈추게 되겠죠. 물론 그 전에 다른 천체를 만나면 그 천체의 영향을 받겠지만, 우주 공간으로 날아가는 총알이 다른 천체를 만날 확률은 거의 없습니다.

총알의 행방은 알겠고, 그럼 총을 쏜 우리는 어떻게 될까요? 우주 공간에서 총을 쏘면 우리는 총의 반동에 의해 뒤로 밀리게 됩니다. 우리가 사용한 총이 리볼버라고 가정한다면, 우리는 리볼버에서 발사되는 총알의 속도인 초속 0.032m로 뒤로 밀려나게 될 겁니다. 뉴턴의 제3법칙인 '작용-반작용의 법칙'에 의해서 일어나는 현상이죠.

예를 들어, 10kg의 돌을 민다고 가정했을 때, 우리가 이 돌을 밀기 위해서는 10kg의 돌을 밀 수 있을 정도의 힘을 줘야 합니다. 그렇다는 건 돌이 10kg에 해당하는 힘으로  우리를 밀고 있다는 뜻이기도 하죠. 우리가 돌에게 힘을 주는 만큼 돌도 우리에게 힘을 전달하고 있는 겁니다. 어떤 물체를 움직이게 하려고 힘을 가한 만큼, 그 반대 방향의 힘을 받는다는 법칙이 바로 작용-반작용의 법칙입니다. 그리고 이는 우리가 총을 발사할 때도 똑같이 적용되죠. 총알이 총에서 발사된 후 아주 멀리까지 여행을 가는 것처럼 그 총을 쏜 우리도 반대 방향으로 아주 먼 곳까지 밀려나게 되는 것입니다.

우주 공간이 아니라 우주정거장에서 총을 쏜다면 어떨까요? 우주정거장이나 인공위성이 있는 고도에서 총을 쏘면, 우리는 우주정거장이 지구를 공전하는 속도인 초속 7.66km의 속도로 움직이고 있을 겁니다. 우주정거장의 앞부분에서 총을 쏘면 총알은 우주정거장과 같은 궤도를 돕니다. 총알이 궤도를 도는 이유는 지구의 중력 때문인데요. 긴 줄에 한쪽은 돌을 묶고 반대쪽 끝을 잡아서 돌리면 원 모양으로 돌이 빙글빙글 도는 것처럼, 총알도 지구의 중력에 이끌려 일직선으로 나가지 않고 원 모양으로 궤도를 그리면서 날아갑니다.

그렇게 얼마의 시간이 지난 후에 총알은 우주정거장 뒷부분에 구멍을 내게 되죠. 왜냐하면 우주정거장이 공전하는 속도에 총알의 속도가 더해지면 총알이 가지는 속력은 우주정거장의 속력을 넘어서기 때문입니다. 반대로 우주정거장의 뒷부분에서 총을 쏘면 '총알의 속도 – 우주정거장의 속도'가 되므로, 총알은 우리를 따라오겠지만 우주정거장보다 속도가 느려서 얼마 못 가 사라지게 될 겁니다.

우주에서 총 싸움을 일어나지 않게 해주는 우주 조약

사실 우주에서 총을 쏠 수 없는 궁극적인 이유는 '우주 조약 Outer Space Treaty' 때문입니다. 수많은 나라가 합의한 이 조약의 제4조를 보면 다음과 같은 내용이 존재하죠.

우주 조약이란 1967년에 체결되어 지금도 효력을 발휘하고 있는 조약으로, 그 범위는 우주 공간 탐사와 연구 등 우주 공간을 이용하면서 지켜야 하는 규율을 말하는데요. 총 107개의 나라가 이 조약에 서명했고, 한국도 포함되어 있습니다. 이 조약의 주요 내용은 우주 공간을 이용하는 데 있어 평화적으로 이용하자는 게 핵심이죠. 그래서 핵무기나 대량살상무기를 금지하는 내용이 포함되어 있습니다.

단순하게 이야기해서 국가가 핵무기나 대량살상무기를 우주 궤도에 배치할 수 없다는 조항입니다. 우리가 우주에 총을 가지고 나가는 것만으로도 이 조약을 심각하게 위반하는 행위라고 할 수 있죠. 따라서 우리는 실제로 우주 공간에 총을 가지고 나갈 수도 없고, 쏠 수도 없습니다.

1967년 우주 조약 The Outer Space Treaty of 1967

제4조

당사국 '소속된 나라들의 모임'은 핵무기 또는 대량살상무기를 장착한 우주 비행체를 지구 궤도에 올리거나, 우주에 설치하는 등 어떤 방법을 사용하던 설치하지 않을 것을 약속합니다.

Article 4

States Parties to the Treaty undertake not to place in orbit around the earth any objects carrying nuclear weapons or any other kinds of weapons of mass destruction, install such weapons on celestial bodies, or station such weapons in outer space in any other manner.

모든 당사국은 달과 우주를 평화적인 목적으로만 사용해야 합니다. 군사기지, 시설, 요새 등 모든 종류의 무기 테스트, 우주 군사 작전 등은 모두 금지되지만, 과학적인 연구를 위한 목적으로 군인이 동원되는 것은 예외입니다. 또 달과 우주에서 평화적인 목적으로 사용되는 장비와 시설도 사용할 수 있습니다.

The moon and other celestial bodies shall be used by all States Parties to the Treaty exclusively for peaceful purposes. The establishment of military bases, installations and fortifications, the testing of any type of weapons and the conduct of military manoeuvres on celestial bodies shall be forbidden. The use of military personnel for scientific research or for any other peaceful purposes shall not be prohibited. The use of any equipment or facility necessary for peaceful exploration of the moon and other celestial bodies shall also not be prohibited.

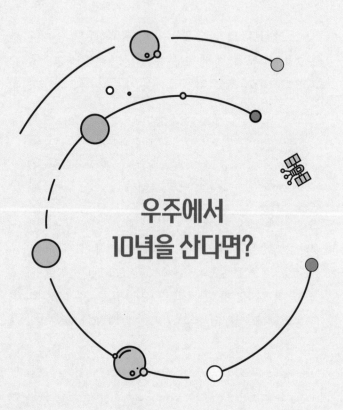

우주에서
10년을 산다면?

우리는 모두 같은 속도의 시간에 살고 있습니다. 위치한 곳에 따라 실시간은 달라도 같은 속도로 아침 해가 밝아오고, 같은 속도의 시간으로 해가 진다는 거죠. 그래서 우리가 느끼는 시간은 항상 절대적이고 똑같은 속도로 흘러간다고 할 수 있습니다. 하지만 사실 시간은 항상 같은 속도로 흐르지 않습니다. 실제로 우주에서 시간은 모두 다른 속도로 흐르고 있죠.

아인슈타인의 상대성 이론에 따라 중력은 공간을 휘어지게 만듭니다. 시간과 공간이 붙어 있는 시공간 자체를 휘어지게 만드는 거죠. 이에 따라 중력은 시간에 영향을 미친다고 할 수 있습니다. 또 빛의 속도가 늘 일정하므로, 빠른 속도를 가지는 물체에서도 시간은 느려지죠. 그래서 지구보다 중력이 강한 곳에선 시간이 느리게 간다고 할 수 있고, 빠르게 움직이는 물체에서도 시간이 느리게 할 수 있습니다. 이를 '시간 지연 현상time dilation effect'이라고 부르죠.

영화 〈인터스텔라〉에 등장하는 블랙홀 주변의 행성인 '밀러'를 예로 들 수 있는데요. 밀러 행성에서의 1시간은 지구에서의 7년이었습니다. 그렇다면 우리가 이렇게 시간이 상대적으로 느리게 흐르는 곳에서 산다면 어떨까요? 우리는 지구에 있는 사람보다 훨씬 더 오래 살 수 있을까요?

우주정거장은 고도 354km에서 초속 7.66km로 지구를 공전하는 비행체로 축구장 정도의 크기를 가지고 있는 시설인데요. 인간이 살 수 있는 가장 대표적인 우주 공간 중 하나죠. 그리고 우주정거장의 빠른 속도에 의해 매일 시간 지연 현상이 일어나죠. 이곳에서는 지구보다 약 0.45ns만큼, 그러니까 4.5/10,000,000,000초 정도 느린 시간 속에 있다는 겁니다.

지구에서 태어난 A와 복제 인간 B가 있다고 가정해보죠. 두 사람이 지구에서 살다가 시간이 흘러 죽음을 맞이하게 되었을 때, 이 둘이 정확히 같은 날짜, 같은 시간에 죽음을 맞이하게 된다고 가정해보는 거죠. 그리고 복제 인간 B를 우주정거장에 보낸다면, 복제 인간 B는 A보다 아주 조금 더 긴 시간을 보내게

될까요?

물론 지구에 있는 A가 B를 보고 있다면, B의 죽음은 A보다 0.45ns만큼 더 느린 것처럼 보일 겁니다. 하지만 실제로 B의 수명은 A보다 길어지지 않았죠. 사실 B는 우주정거장에서 느려진 시간을 느끼지 못합니다. 시간 지연 효과가 0.45ns밖에 되지 않아서 B가 시간 지연을 느끼지 못한 것은 아니고요. 시간 지연 효과는 관찰자가 빠르게 움직이거나, 중력이 강한 곳에 있는 대상을 볼 때 느끼는 효과입니다. 그래서 A가 보기에는 B가 0.45ns를 더 산 것처럼 보이지만, 실제로는 B의 수명이 늘어난 건 아닌 거죠. 그럼 이번에는 B를 블랙홀 근처의 행성으로 보내겠습니다.

이곳에서 A가 임종 직전에 블랙홀 근처 행성에 있는 B를 만난다면, A와 다르게 B의 모습은 젊었을 때 모습 그대로입니다. A에 비해 B의 시간이 더 느리게 갔기 때문이죠. 이 차이를 30년이라고 한다면, B는 A보다 30년을 더 오래 살게 될까요?

이번에도 A가 보기엔 B의 시간이 30년은 더 길어 보이지만, B가 느끼기에는 시간이 길어지지 않았습니다. 오히려 지구에 있을 때와 똑같이 시간이 흐르고 있는 것처럼 느껴지죠. 달라진 건 자신이 블랙홀 주변에 있다는 것뿐입니다. 이건 정말 이상하죠? A에 비해서 B의 시간은 30년이나 느리게 흘렀는데, 왜 B는 느려진 시간을 느끼지 못하는 걸까요?

빛의 속도는 누가 측정하든 늘 일정합니다. 멈춰 있는 관찰

자가 측정하든 빠른 속도로 움직이고 있는 관찰자가 측정하든, 심지어 빛의 속도에 90%로 이동하고 있는 관찰자에게도 빛의 속도는 늘 같습니다. 상대성 이론에 따르면 빛의 속도만이 절대적이고 나머지 시간과 공간 등은 모두 상대적이라고 할 수 있는데요. 자동차를 예로 들어보죠.

여기 시속 60km로 달리는 자동차가 있다고 가정해보겠습니다. 우리가 멈춰 있는 상태에서 달리는 자동차의 속도를 측정하면 자동차의 속도는 당연히 60km가 나올 겁니다. 이번에는 우리가 시속 10km로 뛰면서 자동차의 속도를 측정해보죠. 어떨까요? 우리가 시속 10km의 속도로 뛰면서 속도를 측정하므로 자동차의 속도는 시속 50km로 측정될 겁니다.

하지만 빛은 다릅니다. 우리가 멈춰 있는 상태로 빛의 속도를 측정하든, 뛰어가면서 빛의 속도를 측정하든 빛은 늘 항상 같은 속도를 가지죠. 그리고 이런 빛의 성질 때문에 A와 B는 시간의 흐름을 다르게 느끼지 못하게 됩니다. 빛의 속도가 항상 같으니 자신의 시간이 관찰자 기준에서 느려진다고 해도 당사자는 알 수 없고, 오직 관찰자만이 상대적으로 느려진 시간을 확인할 수 있는 겁니다.

B가 블랙홀 근처에 있다고 해도 자신이 A와 비교했을 때 상대적으로 시간이 느리게 흐르는지 느낄 수 없습니다. 오히려 B는 A와 똑같은 수명을 가지고 있다고 생각하죠. 빛의 속도는 늘 일정하지만 시간의 흐름은 상대적이기 때문입니다. 따라서 A와 B가 평생 서로를 관찰하지 않고 살아간다면, 이 둘의 수명은 처음 조건대로 정확히 같습니다.

우주의 모든 것은 상대적이지만, 한 가지 분명한 게 있다면 바로 자신의 기준입니다. A는 자신에게 주어진 수명을 살았고, B도 처음 자신에게 주어진 시간을 살아갔죠. 그러니까 우리가 가지고 있는 각자의 기준이 가장 분명한 것이고, 이 기준을 꼭 남에게 맞출 필요는 없다는 거죠. 우주의 모든 것이 상대적이듯 우리도 모두 상대적이기 때문입니다.

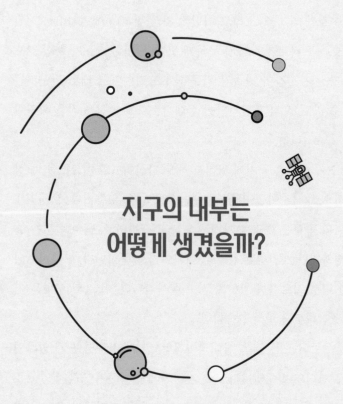

지구의 내부는
어떻게 생겼을까?

지금까지 우리는 정신없이 우주를 여행했습니다. 다양한 상상을 하면서 지구로부터 멀리 벗어나 태양계 전체를 바라보기도 했죠. 정말 흥미로운 여행이었죠. 그럼 이제 지구에게도 관심을 좀 가져볼까요? 앞서 이야기했던 것처럼 러시아 콜라 반도에는 지구 안쪽을 너무나 보고 싶었던 이들이 파놓은 깊고 깊은 구멍이 있죠. 그렇게 노력했는데, 과연 지구 안쪽을 봤을까요?

　사실 지구의 내부를 자세히 보기 위해서는 구멍을 뚫는 것보다 지진파를 이용하는 방법이 더 효과적입니다. 지진파는 파동의 한 종류로 빛과 마찬가지로 어떤 물질을 지나가면 굴절되거나 속도가 바뀌는 성질을 가지고 있습니다. 그래서 이런 원리를 이용하면 지구의 내부를 구멍 뚫는 것보다 쉽고 빠르게 엿볼 수 있죠. 다만 이 방법은 지진파의 굴절과 속도를 이용하는 방법이기 때문에 지구의 실제 모습을 정확히 알기는 어렵습니다. 비유하면 지진파를 사용하는 방법은 눈을 가리고 어떤 사물을 만지는 것과 같은데요.

　눈을 감은 채 어떤 사물을 만질 때 우리는 그 사물을 어렴풋하게 알뿐 정확히 알고 보았다고는 할 수 없습니다. 지진파로 지구의 내부를 보는 것도 마찬가지죠. 우리는 내부를 직접 볼 수

없기 때문에 눈을 가리고 있다고 할 수 있고, 지진파는 굴절과 속력의 변화만으로 파악하기 때문에 마치 손으로만 물건을 만져서 맞추듯이 지구 내부를 통과하기 때문에 지금 우리가 알고 있는 지구 내부의 모습은 사실 우리의 예상일뿐입니다.

1995년에 미국 카네기 과학 연구소Carnegie Institution for Science 의 지구 물리학자 로널드 코헨Ronald Cohen은 지구 내핵에 관한 신선한 이론을 발표했는데요. 바로 지구의 내핵이 하나의 커다란 결정을 이루고 있다는 이론이었습니다. 마치 망고처럼 지구의 내부에 아주 단단한 씨앗이 있다는 거죠. 그런데 이건 좀 이상하죠? 지구의 내핵 온도는 5,000~6,000℃로 굉장히 높은 온도로 달궈져 있습니다. 이렇게 높은 온도를 가지는 지구의 내부에 단단한 고체 상태의 씨앗이 어떻게 들어 있을 수 있다는 걸

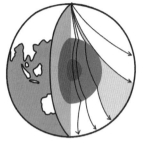

지진파로
지구 내부를
관찰한다.

까요?

　답은 아주 가까운 곳에 있습니다. 여러분 옆에도 있죠. 바로 중력입니다. 지구의 내핵이 뜨거운 온도에서 고체 상태를 유지할 수 있는 건 지구의 중력이 지구의 모든 것들을 자신의 중심으로 당기고 있기 때문이죠. 그리고 이렇게 당겨진 암석들은 지구 내부의 압력을 높은 상태로 유지시키는 역할을 합니다. 마치 눈을 아주 단단하게 뭉쳐서 돌덩이처럼 만드는 것과 비슷하죠. 그래서 지구의 내핵은 뜨거운 온도에도 고체 상태를 유지할 수 있는 겁니다.

　실제로 지진파를 통과시키면 지구의 자전축을 통과하는 지진파가 지구의 적도를 통과하는 지진파보다 4초 정도 더 빠른 걸 확인할 수 있습니다. 이는 지구의 내핵이 고체라는 간접적인 증거가 되는데요. 지구의 내부가 고체라면 이 결정에는 방향, 즉 결이 생깁니다. 내핵의 밀도가 모두 똑같이 일정한 게 아니라, 어느 부분은 밀도가 높고 어느 부분은 밀도가 낮기 때문이죠. 이로 인해 밀도가 높은 지구의 자전축을 따라 이동한 지진파의 속도가 빨라집니다. 반대로 적도를 통과하는 방향의 밀도가 더 높다면, 적도를 통과하는 지진파가 자전축을 통과하는 지진파보다 더 빨리 지구를 통과했을 겁니다. 이를 통해 로널드 코헨은 지구의 내부가 고체라는 결론을 내리게 된 겁니다.

로널드 코헨의 주장처럼 정말 지구의 내핵은 하나의 거대한 덩어리인 것처럼 보였습니다. 하지만 이 이론은 우리가 철에 대한 성질을 알아가면서 사라지게 되었죠. 로널드 코헨의 주장처럼 지구의 내부는 고체로 이루어져 있지만 하나의 씨앗처럼 하나의 거대한 덩어리로 이루어져 있는 게 아니라 작은 알갱이들이 뭉쳐 있는 것으로 밝혀졌습니다. 하지만 역시나 이것 또한 우리의 예상일뿐이죠.

로널드 코헨 박사 이후 지구의 내부를 들여다본 사람은 하버드대학교의 지구 물리학 교수 아담 드지원스키Adam Dziewonski였습니다. 아담 드지원스키는 지구의 내핵 안에 원시 지구가 존재하고 있다는 논문을 발표했는데요. 이 논문의 핵심은 원시 지구가 만들어진 뒤에 지구의 표면이 안정화되면서 원시 지구의 표면 위로 암석들이 덮기 시작했다는 것이 핵심입니다. 그래서 현재 지구의 내부에 원시 지구가 존재한다고 이야기한 거죠. 이에 대한 근거로 지구의 중심에 580km의 영역에서 발견된 지진파의 변화를 제시했습니다. 이 영역이 원시 지구라는 거였죠.

사실 아직 우리는 지구의 내부가 정확히 어떻게 생겼는지 알 수 없습니다. 앞서 이야기했듯이 지구의 내부를 보는 일은 두 눈을 가린 채 사물을 손으로 만져서 어떤 것인지 정확하게 맞추는 것과 같기 때문이죠. 하지만 어쩌면 우주는 이미 답을 알고 있을지도 모릅니다. 지금 이 순간에도 중성미자라고 불리는 아주 작은 기본 입자가 지구를 통과하고 있기 때문이죠. 기본 입자들은 지진파보다 더 세밀하게 지구 내부를 통과할 수 있다고 합니다. 지진파를 사용해 지구의 내부를 보는 것보다 중성미자를 이용해 지구의 내부를 보는 것이 더 정확하다는 거죠. 아직 우리는 중성미자를 사용할 만한 기술을 가지고 있지 않지만, 나날이 발전하는 과학을 기다리면 곧 지구의 진짜 내부를 볼 수 있지 않을까 기대해봅니다.

지구의 속내
어디까지 봤봤니?

지구의 내부 구조는 지표면에서의 관측으로 얻을 수 있습니다. 그중에서 가장 좋은 방법은 지진파의 분석이죠. 지진파는 P파와 S파로 나눌 수 있는데, P파는 액체와 고체를 통과하는 종파이며 S파는 고체만 통과할 수 있는 횡파입니다. 이것을 바탕으로 지구는 가장 바깥부터 암석질의 지각, 암석질의 점탄성체인 맨틀, 금속질 유체인 외핵, 금속질 고체인 내핵이라는 구조로 나뉜다는 것을 알 수 있습니다.

지구의 내부 구조

지구의 가장 바깥인 지각은 대륙지각과 해양지각으로 나뉩니다. 대륙지각은 현무암질의 하부지각과 화강암질의 상부

지각으로 이루어져 있고, 두께는 위치에 따라 차이가 있지만 대략 30~60km으로 알려져 있죠. 해양지각에 비해 알루미늄이 많으며 철과 마그네슘의 양이 적은 편입니다. 해양지각은 대부분 현무암질이고, 두께는 대략 6~7km입니다.

지각 아래에 있는 맨틀은 내부의 핵을 두르는 두꺼운 암석층입니다. 두께가 무려 2,900km로 지구 부피의 약 83%, 질량의 60%가 넘게 차지하고 있습니다. 지구에서 가장 많은 부피를 차지하죠. 맨틀 전체의 화학조성은 직접적으로 알 수 없으나 감람석과 휘석 등의 물질들이 주로 구성되어 있고, 지각에 비하여 철과 마그네슘의 함량이 높다고 알려져 있습니다. 맨틀대류의 양상도 포함하여 맨틀은 화학적으로도 역학적으로도 연구대상인 영역입니다.

핵은 외핵과 내핵으로 나뉘는데, 유동적인 외핵은 반경 약 3,480km, 고체인 내핵은 반경 약 1,220km입니다. 외핵의 주성분은 철과 니켈로 추정되지만 수소나 탄소 등의 경원소가 10% 이상 포함돼 있다고 가정하고 있습니다. 그래야 지진파의 속도와 밀도를 설명할 수 있기 때문이죠. 내핵은 지구 내부가 차가워질 때 외핵의 철과 니켈이 침강되어 생긴 것으로 추정되며, 현재도 계속 성장하고 있습니다.

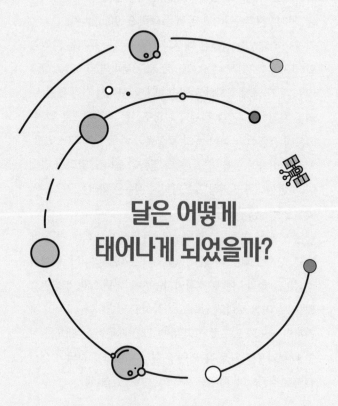

달은 어떻게
태어나게 되었을까?

46억 년 전 태양계에서는 이제 막 태양이 만들어지기 시작했습니다. 이 시기에 태양계의 행성들도 같이 태어났습니다. 이 시기의 태양계 행성들은 안정적인 궤도를 가지고 있었죠. 하지만 언제나 그렇듯 이 평화로운 시기는 얼마 가지 않았습니다. 태양이 핵융합 반응을 시작했고, 그로 인해 태양의 중심에서 불어온 태양풍은 자신의 주변에 있는 가스 덩어리는 물론이고 주변의 원시 행성들까지 모두 밖으로 밀어냈거든요. 결국 원시 행성들은 안정적인 원형 궤도를 벗어나 타원형 궤도로 바뀌었고, 서로 충돌하기 시작했습니다.

　지구도 태양이 만들어지며 태어난 행성입니다. 원시 지구는 현재의 지구보다 더 거칠고 혹독한 환경을 가지고 있었습니다. 태양이 태어나며 만들어낸 태양풍에 의해 행성들의 궤도와 주변의 미행성들의 궤도가 어지러워지면서 많은 미행성, 즉 작은 돌덩어리들이 지구의 표면을 마구 때렸기 때문이죠. 미행성들이 지구의 표면으로 떨어지면 이 돌덩어리들의 운동 에너지가 열에너지로 바뀌고, 그 열은 지구의 표면을 뜨겁게 달구죠. 그래서 지구의 표면은 열과 수증기 이산화탄소로 가득 차 있었고, 표면의 암석은 녹아내려 거대한 마그마가 지구를 덮고 있었습니다.

그리고 이런 미행성의 충돌은 지구의 질량에도 변화를 가져왔습니다. 초기 원시 지구는 지금보다 더 작은 크기였지만 미행성이 떨어지며 마치 지구에 살이 붙듯 질량과 크기가 커지게 된 거죠. 그리고 시간이 흘러 태양계의 어지러웠던 궤도가 정리되고 안정화되면서 지구 표면에 떨어지는 미행성의 수도 줄어들고, 그러면서 열이 올랐던 지구도 서서히 식었습니다. 수증기가 되어 날아가던 물들이 지구의 표면에 쌓이면서 고이고 고여서 바다도 만들어졌습니다.

이 시기의 지구에는 달이 없었습니다. 우리가 이 시기에 지구의 표면에서 밤하늘을 보았다면 달이 없는 어색한 하늘과 마주치게 되죠. 물론 이때 지구에는 구름이 너무 많아서 달이 있다

달과 지구는 쌍둥이에요! 생긴 것도 비슷하지 않습니까? 우주에 있는 많은 행성들이 모여서 지구가 만들어질 때 달도 똑같이 만들어졌어요~

고 하더라도 우리는 달을 볼 수 없었을 겁니다. 그렇다면 달과 지구는 언제 만나게 된 걸까요?

사실 우리는 달이 지구를 공전하는 정확한 이유를 찾지 못했습니다. 그래서 지금은 몇 가지의 가설만 가지고 있죠. 대표적으로 동시 탄생설과 포획설, 분리설, 거대 충돌설이 있습니다.

첫 번째인 동시 탄생설은 달과 지구가 동시에 만들어졌다고 주장하는 가설인데요. 영국 물리학자인 윌리엄 톰슨William Thomson이 내세운 가설로 미행성들이 뭉쳐져 지구가 만들어지는 순간 달도 옆에서 같이 만들어졌다는 주장입니다. 하지만 이 가설이 지지를 받지 못하는 이유는 달의 구성 성분 때문입니다. 달이 지구와 동시에 태어났다면 달과 지구의 구성 성분이 서로 비슷해야 하지만 실제로 달에는 지구와 달리 철 성분이 굉장히 부족합니다. 그래서 이 주장은 현재 받아들여지지 않고 있죠.

두 번째 가설인 포획설은 지구가 가까이 지나가던 소행성을 붙잡았다는 주장입니다. 미국 천문학자 토머스 제퍼슨 잭슨 세Thomas Jefferson Jackson See가 내세운 이 가설은 1909년 신문에서 처음 게시되면서 발표되었습니다. 이 가설에 따르면 초기 지구를 지나가던 소행성이 지구의 중력에 이끌려 지구의 위성이 되었다는 의견입니다. 하지만 이 주장에도 약점이 존재하는데요. 바로 지구 주변을 지나가는 소행성이 지구에 붙잡힐 확률이 너무 낮다는 겁니다. 한 예로, 소행성 2019 OK는 초속 24km의 속도로 달과 지구 사이의 1/5 정도 거리까지 가까이 다가왔습니다. 만약 포획설 가설이 옳다면 소행성 2019 OK는 지구의 중력에 이끌려 지금도 달과 함께 지구를 공전해야 합니다. 물론 2019 OK의 속도가 워낙 빨라서 다른 행성에 붙잡힐 가능성은 적지만, 이 사례를 통해 지구 주변을 스쳐 지나가는 소행성이 지구에 붙잡힐 확률이 낮다는 걸 알 수 있죠. 또 이렇게까지 지구에 가깝게 접근하는 소행성도 드물고요. 따라서 포획설도 가능성이 적은 주장이라고 할 수 있습니다. 그렇다면 분리설은 어떨까요?

세 번째 가설인 분리설은 이름에서도 알 수 있듯이 달이 지구로부터 분리되어 만들어졌다고 주장하는 이론입니다. 이는 앞에서 이야기한 동시 탄생설과 비슷해 보이지만 동시 탄생설은

달은 지구로부터 태어난 것입니다! 지구의 일부분이 떨어져 나갔고, 그게 지구 주변을 돌고 있는 거죠~

말 그대로 지구와 달이 같은 미행성들로 동시에 만들어진 것이고, 분리설은 지구가 만들어진 후 지구의 물질이 떨어져 나와 달이 만들어졌다고 주장하는 의견입니다.

이 주장은 수리천문학자인 조지 다윈George Darwin의 가설로 그 근거를 원시 지구의 환경에서 들 수 있습니다. 원시 지구는 마그마 바다로 뒤덮여 있던 가혹한 환경을 가지고 있었으며 자전 속도도 지금보다 6배 더 빨랐습니다. 그래서 지구에 녹아 있는 암석이 지구의 자전으로 인해 우주로 떨어져 나가게 되었을 것이고, 이 물질들이 모여 달이 만들어졌다고 주장하는 가설이죠. 하지만 이 주장 역시 달의 구성 성분 때문에 설득력을 잃었습니다. 달이 지구에서 떨어져 나왔다면 달의 구성 성분과 지구의 구성 성분이 비슷해야 하지만, 실제로 달의 구성 성분은 지구와 비슷하지 않죠.

마지막 거대 충돌설은 현재 가장 유력하다고 믿고 있는 가설입니다. 빅 스플래시big splash 라고도 불리는 이 가설은 1974년 위성에 관한 학술회의에서 최초 제기되었고, 1975년 윌리엄 하트맨William hartmann 과 도널드 데이비스Donald Davis 가 학술지〈이카루스Icarus〉에 발표하면서 다시 주목을 받았죠.

거대 충돌설은 원시 지구가 '테이아Theia'라고 불리는 거대한 가상의 행성과 충돌해 테이아가 부서지며 지구에 흡수되었고, 부서진 테이아의 물질 중 일부가 뭉쳐져 달이 되었다는 가설이죠. 충돌설의 근거는 월석인데요. 달에서 가져온 월석과 지구 암석의 동위 원소의 비율이 같다는 게 핵심 근거입니다. 충돌설을 제대로 이해하려면 동위 원소가 뭔지 알아야 합니다.

동위 원소는 양성자 수는 같지만 중성자의 수가 다른 원소를 말합니다. 예를 들어, 탄소의 경우 탄소-12, 탄소-13, 탄소-14와 같은 동위 원소들이 존재하는데요. 이 친구들은 모두 6개의 양성자를 가지고 있지만 중성자의 수는 각각 6개, 7개, 8개로 모두 다릅니다. 그리고 월석과 지구 암석의 경우 산소의 동위 원소 비율이 같은 것으로 나타났는데요. 이는 지구와 달이 어떤 사건에 의해서 동시대에 만들어졌다는 걸 보여주는 증거입니다. 그래서 현재까지는 거대 충돌설이 가장 유력한 이론으로 예상되죠. 하지만 거대 충돌설 역시 아직은 가설에 불과합니다.

　우리가 어떤 천체의 탄생에 대해 깊이 고민하는 것은 이 천체에 대한 이해를 넘어서서 지구를 이해하기 위한 과정입니다. 우리가 어떤 물체의 본질을 알기 위해서는 이 물체가 어떻게 만들어졌는지를 알아야 하죠. 달의 기원에 대해서 질문을 이어가면 언젠가 지구가 어떻게 만들어졌는지도 알 수 있을 겁니다. 그리고 당연히 지구의 탄생을 알면 다른 항성계에 존재하는 행성들에 대한 이해도 자연스럽게 높아지게 되겠죠.

지구와 충돌할 뻔한
소행성 2019 OK

2019년 7월 25일 지구를 아슬아슬하게 스쳐 지나갔던 소행성이 있습니다. 2019 OK입니다. 이 소행성은 73,000km의 거리에서 지구를 지나갔는데, 이는 지구와 달 사이의 거리인 384,400km의 1/5 정도의 거리로 정말 말도 안 되게 가까운 거리를 유지한 채 지구를 스쳐 지나간 거죠.

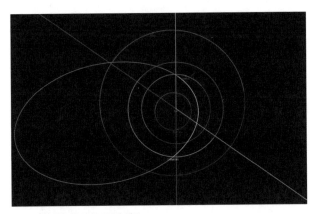

NASA에서 발표한 2019 OK의 궤도

근접 통과 속도는 약 시속 88,500km였고, 이 소행성이 워낙 갑작스럽고 빠르게 지구를 지나가 우리는 이 소행성이 접근하고 있다는 사실을 소행성이 지나가기 몇 시간 전에 알았습니다. 정말 아찔한 순간이었죠.

2019 OK와 지구의 가상 사진

달의 탄생 가설 중에 포획설이 맞다면, 이 소행성은 지금도
우리 곁에 함께 있어야 합니다. 왜냐하면 지구와 너무 가깝
게 스쳐 지나갔기 때문에, 지구의 중력에 이 소행성도 붙잡
혀서 달과 함께 있어야 하죠. 하지만 여러분 모두 아시다시
피 지금 지구 옆에 이 소행성은 없습니다. 포획설의 가설이
신빙성을 잃은 실제 사례입니다.

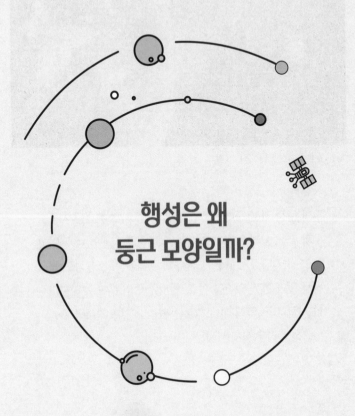

행성은 왜
둥근 모양일까?

지구는 아주 반듯하게 동그랗습니다. 멀리서 보면 마치 공처럼 보이죠.

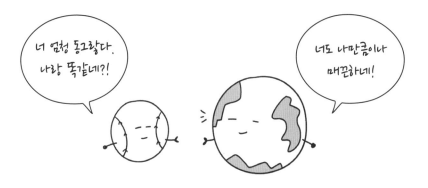

동그란 지구와 다르게 소행성 루테시아Lutetia 는 한눈에 봐도 둥근 모양과는 거리가 멉니다. 마치 찰흙을 멋대로 뭉쳐놓은 것처럼 울퉁불퉁하죠. 소행성 중 이런 모양을 가지는 게 비단 루테시아뿐만은 아닙니다. 우리가 소행성이라고 부르는 대부분의 천체가 대체로 이렇게 제멋대로 생겼죠. 그런데 좀 의아합니다. 지구와 소행성을 이루는 물질은 서로 비슷한데, 왜 지구는 둥글고 소행성은 울퉁불퉁할까요?

　　행성과 소행성의 물질에는 차이가 없지만, 한 가지 큰 차이점이 있습니다. 바로 크기죠. 지구는 평균 반지름이 6,371km, 루테이사의 반지름은 49km로 지구가 약 130배 정도 더 커다랗습니다. 질량의 차이도 큽니다. 루테이사의 질량은 2.57×10^{18}kg으로 지구의 0.0002%밖에 되지 않죠. 같은 물질임에도 모양의 차이가 큰 것은 바로 이 때문입니다. 질량의 차이가 난다는 건 중력도 차이가 난다는 의미이기 때문이죠.

　　중력은 질량이 있는 물체가 서로를 끌어당기는 힘입니다. 그리고 이 힘의 방향은 중 질량이 무거운 쪽, 힘의 크기가 큰 쪽으로 향합니다. 그래서 중력이 큰 행성의 표면에 있는 물체는 항상 행성의 중심을 향하게 됩니다. 뉴턴의 사과가 땅으로 떨어졌던 것처럼요.

이제 막 만들어진 행성이 하나 있다고 상상해보죠. 만약 우리가 이 행성의 표면에서 행성의 하늘을 보고 있다면 수많은 미행성이 이 행성의 표면으로 떨어지고 있는 것을 확인할 수 있을 겁니다. 이때 행성의 표면을 주의 깊게 보면 곳곳에 파인 부분이 있습니다. 행성 표면에 있는 돌들이 지구의 중력에 의해 구덩이를 채우면 이 구덩이는 시간이 지남에 따라 점점 메워질 겁니다. 그리고 이런 일은 행성의 움푹 파인 곳에서 계속해서 일어나죠. 그래서 어떤 행성의 질량, 즉 중력이 충분하다면 이 행성의 표면에 있는 구덩이는 돌로 메워져서 행성은 둥근 모양이 됩니다. 반

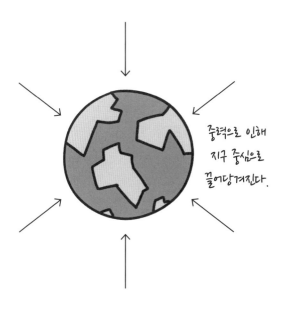

중력으로 인해 지구 중심으로 끌어당겨진다.

대로 중력이 충분하지 않다면 돌이 아래로 굴러 떨어지는 일이
덜 발생하므로 질량이 가벼운 소행성들은 이 구덩이를 채우지
못하고 결국 울퉁불퉁한 제멋대로인 모양을 가지게 되죠.

질량↓=중력↓
둥근 모양이 되지 않는다.

　　액체도 이와 같습니다. 액체 역시 중력에 의해 행성의 중심
으로 떨어지게 되므로 구덩이를 더 쉽게 채우게 되죠. 바다를 떠
올리면 쉽습니다. 바다의 수평선을 생각하면 삐뚤삐뚤한 수평선
은 없죠. 바다 자체가 중력에 의해 지구의 중심으로 늘 떨어지고
있기 때문에 높이가 생기지 않는 거죠. 그래서 지구를 멀리서 보
면 매끈한 공처럼 보이는 겁니다.
　　액체가 지구를 둥글게 감싸는 것까지는 이해가 되는데 단단
한 암석이 부서져서 행성의 구덩이를 메우는 건 이해하기 어렵
습니다. 왜냐하면 단단한 암석이 쉽게 부서질 거 같지 않기 때문

이죠. 이걸 이해하기 위해서는 압력에 대해 알아야 합니다.

중력은 분명 강력한 힘을 가졌지만, 모든 걸 다 부술 정도로 강력하지는 않습니다. 만약 중력이 행성 표면의 암석을 부술 정도로 강력한 힘을 가졌다면, 암석보다 약한 사람은 쥐포처럼 납작하게 눌렸을 것이고 지구 표면 위에 제대로 서 있을 수조차 없겠죠. 그래서 중력만으로는 행성을 동그랗게 만들 수 없습니다. 행성이 동그랗고 매끈한 모양을 가지려면 압력의 도움이 필요합니다. 지구의 표면에서 느낄 수 있는 대표적인 압력은 바로 대기압입니다.

대기압은 공기가 우리를 누르는 힘으로 1기압은 $1cm^3$의 면적을 1kg의 힘으로 누르는 것과 같습니다. 그리고 이 힘은 1,000m를 올라갈 때마다 0.1기압씩 낮아지죠. 공기의 밀도가 점점 낮아지기 때문입니다.

그럼 이제 바다로 가보죠. 바다에도 대기압과 비슷한 수압이 존재하는데요. 수압은 10m를 내려갈 때마다 1기압씩 높아집니다. 공기와 비교해 100배 정도 더 빠르게 상승하는 거죠. 그 이유는 기체인 공기보다 액체인 바다가 밀도가 월등히 높기 때문입니다.

마지막으로 땅 밑으로 내려가면 압력의 차원이 달라집니다. 우리가 지구의 내부로 들어가면 10m를 내려갈 때마다 3.5기압씩 압력이 높아집니다. 단순하게 바다와 비교하면 3.5배 정도 더 강한 압력을 받는 거죠. 그리고 바로 이 힘이 행성을 둥글게 만드는 데 도움을 줍니다. 행성의 중심에 가까울수록 압력이 높아져 행성이 동그랗게 변하게 되는 거죠. 그래서 만약 우리가 지구를 반으로 잘라서 본다면 중심에 가까울수록 둥글고, 압력의 힘이 비교적 적은 지구의 표면은 상대적으로 덜 둥근 것입니다. 하지만 멀리서 보면 대체적으로 매끈한 둥근 모양으로 보입니다. 이처럼 행성이 둥근 이유는 중력과 압력이 합쳐져서 만들어진 과학 예술품입니다.

하지만 이것만으로는 부족하죠? 서로 비슷한 질량을 가진 소행성 중 어떤 소행성은 둥글고, 어떤 소행성은 울퉁불퉁합니다. 왜일까요? 중력과 압력 말고도 행성의 모양을 결정하는 요소가 있는 걸까요?

행성이 둥근 모양을 유지하는 데 필요한 또 하나의 기준이 있습니다. 바로 어떤 물질로 이루어져 있느냐는 거죠. 여기 암석으로 이루어진 소행성 A와 얼음으로 이루어진 소행성 B가 있다고 가정해봅시다. 소행성 B는 암석으로 이루어진 소행성 A보다 더 매끈하고 둥근 모습일 겁니다. 왜냐고요? 단단한 돌멩이와 찰흙을 떠올리면 쉽습니다. 단단한 돌멩이를 둥글게 깎으려면 여러 도구와 힘이 필요하죠. 맨손으로 공처럼 둥글게 만드는 건 거의 불가능합니다. 하지만 찰흙은 다릅니다. 맨손으로도 충분히 매끈하고 둥글게 만들 수 있죠. 소행성 A와 B도 마찬가지입니다.

천체를 둥글게 만들기 위해서는 중력과 압력이라는 도구와 힘이 필요하기 때문에, 그 도구와 힘을 잘 쓰려면 어떤 물질로 이루어져 있는지도 굉장히 중요합니다.

　행성을 둥글게 만드는 힘은 중력과 압력이지만, 결국 안정성이라고 할 수 있습니다. 어디 하나라도 불안정하다면 천체는 중력과 압력에 의해 무너지게 될 겁니다. 그만큼 지구는 안정적인 상태라는 걸 뜻합니다. 소행성도 마찬가지입니다. 겉으로 보기에는 울퉁불퉁해서 불안정해 보이지만 결국 소행성도 자신의 기준에서는 가장 안정적인 상태인 겁니다. 따라서 행성이 둥근 이유는 안정성이라고 결론 내릴 수 있습니다.

우주에는 개성 넘치는 행성이 많다

학창시절 교과서에서 보지 못한 독특한 성격의 행성들이 많이 발견되고 있습니다. 일명 외계 행성이라 불리는 이 행성들은 가장 오래된 행성부터 뜨겁고 차갑고 큰 행성까지, 자기만의 독특한 개성을 가지고 있죠.

PSR B1620-26b는 지구에서 약 12,400광년 떨어진 곳에 있는 행성으로 '므두셀라'라고 불립니다. 이 행성은 지구가 생겨나기 80억 년 전에 생성된 것으로 추정되어 우주에서 가장 나이가 많습니다. 현재 약 125억 살 정도로 보입니다.

WASP-12B는 지금까지 발견된 가장 뜨거운 행성으로 표면 온도가 약 2,000℃나 되는 외계 행성입니다. 지구로부터는 약 870광년 떨어져 있습니다. 반면 우주에서 가장 차가운 행성은 OGLE-2005-BLG-390L이라는 행성으로 표면 온

PSR B1620-26b

WASP-12B

OGLE-2005-BLG-390L

도는 −223℃로 매우 낮습니다. 지구와는 약 21,500광년 떨어져 있으며 지구보다 약 5.5배 큰 행성입니다.

지금까지 발견된 행성 중 우주에서 가장 큰 행성은 TrEs-4입니다. 2006년에 발견된 이 행성은 태양계에서 가장 큰 목성보다 약 1.7배 정도 큽니다. 그런데 밀도는 너무 낮아서 덩치만 크고 속은 텅 비어 있는 공갈 행성으로 '부푼 행성'이라고도 불립니다.

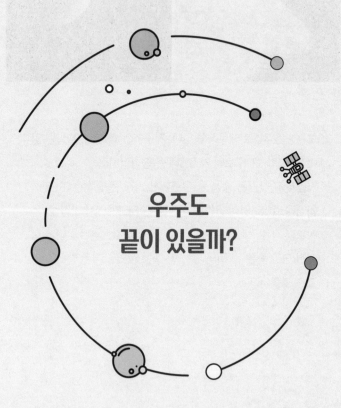

우주도
끝이 있을까?

우주는 빅뱅 이후 지금도 계속 팽창하고 있습니다. 제가 글을 쓰는 순간에도, 여러분들이 이 책을 읽고 있는 순간에도 빠른 속도로 팽창하고 있죠. 그리고 이 사실은 우리 은하 주변에 존재하는 은하의 거리가 멀수록 더 빨라진다는 사실을 통해서 알 수 있습니다. 그렇다면 이처럼 끝도 없이 팽창하는 것처럼 보이는 우주도 끝이 존재할까요?

우주의 아주 작은 부분을 망원경으로 찍은 사진이 있죠. 1990년대 중반 큰곰자리 주변 영역을 촬영한 허블 딥 필드입니다. 그리고 후속 관측으로 계획해서 2003년부터 2014년까지

무려 11년에 걸쳐 화로자리 부분의 작은 영역도 촬영했습니다. 바로 허블 울트라 딥 필드라고 불리는 사진이죠.

허블 울트라 딥 필드는 그저 우주가 넓다는 것을 의미하는 사진은 아닙니다. 왜냐하면 이 사진이 바로 우주의 끝을 촬영한 사진이기 때문이죠. 무슨 소리냐고요?

우주의 팽창 속도는 허블-르메트르 법칙 Hubble-Lemaître's Law 에 따라 거리가 멀어질수록 더 빨라집니다. 예를 들어, 1Mpc 3,261,563광년에 있는 천체의 후퇴 속도는 약 초속 70km 가 되고요. 10Mpc 32,615,637광년에 있는 천체의 속도는 약 초속 700km가 되죠. 이처럼 우주는 빛의 속도보다 더 빠르게 팽창하고 있는데, 어떻게 허블이 찍은 우주 사진이 우주의 끝이 될 수 있는 걸까요?

우주의 끝을 찾기 전에 우주가 무한한 공간인지 유한한 공간인지부터 따져봐야 합니다. 왜냐하면 우주가 무한한 공간이라면 이곳에는 끝이 존재할 수 없기 때문이죠. 무한은 언어적으로는 수, 양, 공간이나 시간 따위에 제한이 없다는 뜻이지만, 수학적으로는 어떤 실수나 자연수보다 더 큰 수를 의미합니다. 그래서 우주가 무한할 경우 끝을 찾을 수 없는 겁니다. 숫자 1부터 10까지 센다면 이 숫자의 끝은 10이라고 할 수 있지만, 만약 무한이 끝이라면 설명할 수 있는 수는 없습니다. 그래서 무한한 공간에서는 끝을 정의할 수 없고, 정의할 수 없다는 건 존재하지 않는다고도 할 수 있는 겁니다.

만약 우주가 무한한 공간이라면 그 끝을 찾을 수 없게 됩니다. 존재하지 않는다고 말할 수 있다는 거죠. 하지만 그건 아니죠. 우주는 유한한 공간입니다. 뭔가 이상하죠? 우주는 지금 이 순간에도 계속 팽창하고 있는데, 어떻게 우주가 유한할 수 있을까요?

10에 2를 끝없이 곱한다고 가정해볼게요. 이 경우 10은 무한이 될 수 있을까요? 아니죠. 10에 2를 곱하면 20, 여기에 다시 2를 곱하면 40, 숫자가 점점 커지기는 하지만 결국 어떤 숫자로든 표현할 수 있습니다. 아무리 숫자를 끝없이 늘려도 우리는 수를 정의내릴 수 있습니다. 그리고 정의를 내릴 수 있다는 건, 그 수가 무한이 아니라는 걸 의미하죠.

저 하늘이 우주의 끝인 걸까?

우주도 마찬가지입니다. 우주는 하나의 점에서 시작했죠. 유한한 공간에서 시작했음을 의미합니다. 그리고 이 유한한 공간은 아무리 커진다 해도 절대 무한이 될 수 없죠. 그렇다면 유한한 우주의 끝은 어디에 있을까요?

잠시 하늘을 보세요. 밤이라면 희미한 별빛과 달, 약간의 구름이 있을 것이고, 낮이라면 푸른 하늘이 보일 겁니다. 매일 똑같아 보이지만 지금 우리가 보고 있는 하늘이 바로 우주의 끝입니다. 농담하는 게 아니라 정말 이 모습이 우주의 끝이라고 할 수 있습니다. 우주는 유한하고 경계가 없기 때문입니다.

재밌는 상상을 해볼까요? 아주 거대한 공 하나가 있고, 그 위에 우리가 서 있다고 가정해보죠. 그리고 그 위에서 한쪽 방향으로 끝없이 걷는 겁니다. 그러면 우리는 어디에 도착하게 될까요? 당연히 우리가 출발했던 그곳, 바로 시작점으로 돌아오게 될 겁니다. 아무리 걸어도 그저 공의 표면을 한 바퀴 돌 뿐이죠. 걷고 걸어도 우리는 공의 표면 위에서 끝을 찾을 수 없습니다. 아무리 걸어도 다시 처음 출발했던 자리로 돌아올 뿐이죠.

중심도 마찬가지입니다. 우리는 공의 중심을 찾을 수 없습니다. 공의 어떤 부분이든 점을 찍기만 하면 그곳이 중심이 되기 때문이죠. 우주를 이러한 엄청난 크기의 공이라고 생각해보세요. 우주는 공처럼 크기는 유한하지만, 어떤 특정한 지점의 끝이나 중심은 없습니다. 우리가 서 있는 곳이 우주의 '끝'이 될 수도 있고, '중심'이 될 수도 있는 거죠.

따라서 허블의 울트라 딥 필드의 사진도 우주의 끝이라고 할 수 있고, 우리가 매일 보는 밤하늘 역시 우주의 끝이라고 할 수 있습니다. 심지어 지금 이 책을 읽고 있는 여러분이 있는 곳도 우주의 끝이자 중심이라고 할 수 있죠.

맨몸으로 지구를
통과할 수 있을까?

여러분이 생각하는 '아래'는 어디인가요? 우리가 서 있는 지점에서 발바닥이 닿아 있는 곳, 바로 그곳을 아래라고 생각하실 겁니다. 사전적으로도 아래는 '어떤 기준보다 낮은 위치'를 뜻합니다. 평면보다 낮은 공간상의 위치를 뜻하는 거죠. 하지만 조금 다르게 생각하면 받아들이기 힘든 풀이입니다. 아래를 내가 발을 딛고 있는 위치로 보지 않고 지구 전체라고 봤을 때, 만약 내

가 지금 북극에 있다면 나의 아래는 저기 밑 _{지구 반대쪽에} 있는 남극이겠죠. 그리고 남극에 있다면 반대로 북극이 나의 아래일 테고요. 이렇게 북극에서 말하는 아래와 남극에서 말하는 아래가 서로 반대 방향이죠. '위'도 마찬가지죠. 심지어 지구의 양 끝에서는 더 이상합니다. 지구의 양 끝에 있는 사람의 아래는 북극이나 남극에 있는 사람에게는 오른쪽과 왼쪽이죠. 그렇다면 도대체 우리에게 아래는 뭘까요?

만유인력의 법칙에 따르면 중력은 질량이 있는 두 물체 사이에 작용하는 힘을 이야기합니다. 예를 들어, 텅 빈 우주 공간에 같은 질량을 가지는 물체 A, B가 있다고 가정하면, 이 두 물체 사이의 가운데 위치하는 점이 바로 중력이 작용하는 방향이고 우리가 느끼는 아래입니다.

지구와 우리는 서로를 끌어당기고 있는데요. 그래서 우리는 항상 중력이 작용하는 방향, 우리와 지구의 질량 중심으로 중력을 받게 됩니다. 그리고 우리는 지구라는 거대한 공 위에 서 있으므로 우리가 느끼는 아래는 어디에 서 있는지에 따라 바뀌게 되는 거죠.

중력의 방향에 대해서 길게 설명한 이유는 지금부터 우리가 지구의 중심을 향해 뛰어들어야 하기 때문입니다. 먼저 북극과 남극을 이어주는 터널이 있다고 가정해보죠. 그리고 이 터널을 이용해 북극에서 남극으로 뛰어드는 겁니다. 만약 우리가 이렇

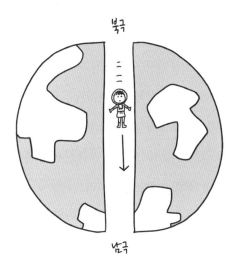

게 지구의 중심을 통과하는 터널에 몸을 던진다면 어떻게 될까요? 그것도 맨몸으로 뛰어든다면? 지구의 중심에서 멈추게 될까요? 아니면 북극에서 남극을 향해 계속해서 떨어져 남극의 구멍을 통과해 하늘로 날아오르게 될까요?

우리가 터널을 향해 몸을 던진 후 가장 처음 느낄 수 있는 건 무중력입니다. 우리를 받쳐주던 땅이 만들어주는 수직항력이 없어지면서 무중력을 느끼게 됩니다. 물론 무중력이란 그저 느낌일 뿐 우리는 여전히 지구의 중력 안에 있습니다. 당연히 지구의 중심을 향해 떨어지고 있기 때문이죠. 참고로 우주정거장의 우주 비행사들도 지금 우리와 같은 상태입니다. 우주정거장을 보면 마치 달처럼 지구 주변을 돌고 있는 것처럼 보이죠. 하지만 우주정거장도 우리처럼 지구의 중력을 받아서 떨어지는 중입니다. 우주정거장도 중력에 영향받고 있거든요. 다만 빠른 속도와 지구의 모양 덕분에 떨어지는 동안 땅이 계속 멀어지므로 보기에는 지구 주변을 도는 것처럼 보일 뿐이죠.

이후 우리가 느낄 수 있는 건 뜨거운 열기입니다. 지구의 내부로 향할수록 점점 온도가 올라가기 때문이죠. 여기서 우리가 느끼는 열기는 물에서 느끼는 열기와는 다릅니다. 우리가 통과하는 터널을 가득 채우고 있는 건 공기입니다. 공기는 물보다 밀도가 낮기 때문에 높은 열을 가지고 있다고 하더라도 전달할 수 있는 열은 액체인 물보다 낮죠.

불가마를 떠올리면 상상하기 쉬울 겁니다. 80℃가 넘는 불가마 안에서 우리는 계란도 먹고 잠도 잘 수 있지만, 80℃가 넘는 물속에 들어간다면 잠시도 있지 못하죠. 적어도 2도 화상을 입게 될 겁니다. 물론 그렇다고 해서 우리가 지구 내부의 열을 모두 감당할 수 있다는 건 아닙니다. 터널의 입구 주변의 열 정도만 감당할 수 있다는 거죠. 지구의 가장 바깥쪽에 존재하는 지각에서 지구 내부의 온도는 최대 섭씨 870°C까지 올라갑니다. 따라서 우리가 지구 내부의 열을 견딜 수 있는 구간은 지각의 1/4 정도가 전부입니다. 그럼 열은 무시 통과했다고 가정하고 더 내려가보죠.

지금 우리가 있는 곳은 지구의 한가운데입니다. 우리가 느꼈던 중력의 중심에 도착해 있는 거죠. 하지만 이곳에서 우리가 느낄 수 있는 건 아무것도 없습니다. 제가 중심이라고 말하지 않았다면 여러분들은 아무것도 모른 채 빠른 속도로 중심을 지나쳐 남극으로 향하게 되죠. 왜 중심에서 멈추거나 특별한 일 없이 지나치는지 궁금하시죠?

뉴턴이 말한 관성의 법칙에 따르면 "움직이는 물체는 계속해서 움직이려 하고 정지한 물체는 정지한 상태를 유지하고 싶어 하는 성질"을 가지고 있습니다. 우리는 현재 북극에서 출발해 남극을 향해 엄청난 속도로 떨어지고 있습니다. 우리 몸도 관성의 법칙을 따라 계속해서 남극으로 움직이고 싶어 하는 성질을 가지게 되었다는 거죠. 그리고 중력은 우리를 지구의 중심에 붙들어 놓을 만큼 강하지 않기 때문에 지구의 중심을 통과한다고 하더라도 아무것도 느끼지 못하고 지나가게 되는 거죠.

지구의 중심을 빠르게 지나면 우리의 눈에 보이는 건 이제 남극의 출구를 덮고 있는 파란 하늘입니다. 마침내 지구의 반대편이자 또 다른 출발점에 도착하게 된 거죠. 만약 누군가 남극의 출구를 향해 떨어지는 우리를 본다면 마치 하늘을 향해 날아오르는 것처럼 보일 겁니다. 그렇다면 이렇게 하늘을 향해 떨어지는 우리는 하늘 높이 올라갔다가 다시 떨어지게 될까요?

결론을 말하면 이런 일은 일어나지 않습니다. 우리의 몸은 남극의 출구에 도착하기 직전에 다시 북극의 출구를 향해 떨어지게 되죠. 우리가 처음 북극의 입구에서 지구의 중심을 향해 몸

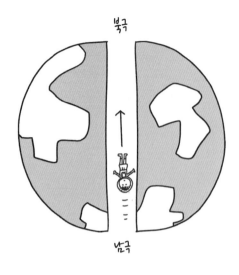

을 날렸을 때의 속도는 초속 0km였습니다. 그리고 지구의 중심을 향해 떨어질 땐 중력에 의해 속도가 계속 올라가 초속 7.8km의 속도를 가지게 되는데요. 이는 우주정거장이 지구를 공전하는 속도와 비슷할 정도로 빠른 속도입니다. 하지만 이 속도는 우리가 지구의 중심에서 가질 수 있는 최고 속도일 뿐 남극의 출구로 향할수록 이 속도는 점점 떨어집니다. 남극의 출구에 도착하기 직전 우리의 속도는 다시 초속 0km까지 떨어지게 됩니다. 그래서 우리는 남극의 출구를 빠져나가지 못하고 다시 지구의 중심을 향해 떨어지게 되죠. 그리고 중력에 의해 우리의 속도는 점점 빨라져서 지구의 중심을 다시 통과해 북극의 입구로 또 다시 돌아오게 되죠.

하지만 우리는 처음에 떨어졌던 시작점으로는 돌아오지 못합니다. 공기의 저항 때문입니다. 공기의 저항은 계속해서 우리의 운동 에너지를 빼앗아 우리의 속도를 줄입니다. 그래서 우리는 처음 시작점으로 돌아오지 못하고, 북극의 입구에 도착하기 직전에 또 다시 남극의 출구를 향해 떨어지면서 지구를 관통하는 터널에 갇혀서 왔다 갔다 떨어지기를 반복하게 됩니다. 그리고 결국 이 여행은 지구의 중심에서 멈추게 될 겁니다.

우주정거장은
무중력일까?

우주정거장의 우주 비행사들을 보면 중력이 없는 것처럼 둥 둥 떠다니는 걸 볼 수 있습니다. 사실 우리가 흔히 생각하는 우주 공간 자체가 그렇죠. 지구 밖으로 나가기만 하면 중력이 없는 것 같은 상상을 하게 됩니다. 하지만 이는 오해입니다.

우주정거장을 수리하는 우주 비행사

우주정거장의 비행사들이 무중력을 느끼는 건 수직항력을 느낄 수 없기 때문입니다. 수직항력은 밑에서 받쳐주는 힘, 즉 표면에서 수직으로 작용하는 접촉힘을 말합니다. 예를 들어, 지금 여러분이 침대 위에 있다면, 침대의 표면에서 수직으로 수직항력이 생기게 되고요. 이로 인해 우리가 침대 위에 붙어 있는 것처럼 느끼게 됩니다. 중력이 우리를 누르고

우주정거장 안에서 우주를 바라보는 우주 비행사

있다는 착각을 하게 되죠.

하지만 우주정거장의 비행사들은 다릅니다. 우주정거장은 우리 눈에 하늘을 날고 있는 것처럼 보이지만, 실제로는 떨어지는 중입니다. 다만 그 속도가 너무 빠르기 때문에 떨어지는 것을 느끼지 못하는 것뿐이죠. 야구공을 떠올리면 쉽게 이해할 수 있습니다. 야구공을 더 멀리 빠르게 던지고 싶다면, 야구공을 있는 힘껏 빠르게 던지면 되죠. 초인적인 힘으로 엄청 빠르게 야구공을 던졌다고 가정하면, 야구공은 중간에 떨어지지 않고 말도 안 되게 빨리 날아가 지구를 한 바퀴 돌아서 우리의 뒤통수로 날아오게 될 겁니다.

우주정거장도 똑같습니다. 아주 빠르게 던진 야구공이 계속 멀리 가는 것처럼, 아주 빠르게 움직이는 우주정거장도 떨어지지 않고 지구를 도는 겁니다. 하지만 실제로는 돌면서 떨어지는 중인 거죠. 이렇게 자유낙하를 하는 상황에서는 밑을 받쳐주는 수직항력이 없으므로, 우주정거장에서도 지구 중력의 영향을 받지만 중력은 느낄 수 없습니다.

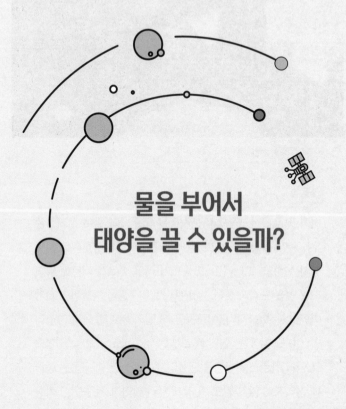

물을 부어서
태양을 끌 수 있을까?

아주 오래전부터 모닥불은 '인디언들의 텔레비전'이라고 불렸습니다. 불장난을 해보셨던 분들이라면 공감되는 이름이죠. 모양의 규칙성이 전혀 없이 다양한 몸짓으로 활활 타오르는 불을 보면 시간 가는 줄 모르고 멍하니 바라보게 되기 때문입니다. 이렇게 잘 타고 있는 불에 물을 부으면 어떻게 될까요?

　너무 뻔한 질문이죠. 불이 물을 만나면 언제 불을 피웠냐는 듯이 사라져버리죠. 그리고 까맣게 탄 나무와 흩날리는 재, 하얀 연기만이 남게 됩니다. 그런데 이런 거 궁금하지 않으셨나요? 불은 물을 만나면 왜 사라지지? 도대체 무슨 원리 때문이지?

이유는 단순해요. 온도 때문이죠. 활활 타오르고 있는 나무에 물이 닿는 순간 물이 나무의 온도를 확 떨어뜨립니다. 그래서 나무는 더 이상 타지 않게 되죠. 그렇다면 우리 머리 위에 있는 활활 타오르는 태양은 어떨까요? 태양도 물을 만나면 사라질까요?

태양은 반지름으로만 지구보다 109배 정도 큰 항성으로 아마 여러분이 태양을 가까이서 본다면 정말 말도 안 되는 크기에 입이 다물어지지 않을 겁니다. 또 태양이 뿜어대는 거대한 에너지를 직접 맞게 되면 뜨겁다는 생각이 들기도 전에 증발하게 되죠. 이런 크기와 열 때문에 태양의 불을 끄기 위해 단순하게 물을 뿌려서는 안 됩니다. 우리가 물을 아무리 갖다 붓는다고 해도 태양이 뿜어대는 뜨거운 온도에 의해 태양에 닿기도 전에 물이

사라져 버리기 때문이죠. 물을 이렇게 찔끔찔끔 붓는 게 아니라 아예 거대한 욕조에 태양을 단번에 담그면 어떻게 될까요? 궁금하니까 바로 태양을 물이 가득 담긴 욕조에 담가보죠.

태양의 불이 꺼졌을까요? 전혀요! 욕조에 들어간 태양은 오히려 이전보다 더 밝게 빛나고 있습니다. 마치 물을 먹고 갈증을 해소한 사람의 미소처럼 더 없이 밝은 빛을 내고 있죠. 그리고 심지어 태양의 상태도 더 좋아 보입니다. 도대체 무엇 때문이죠?

태양의 불은 우리가 주변에서 볼 수 있는 불과는 전혀 다른 불입니다. 사실 우리가 평소에 볼 수 없는 형태의 불이죠. 태양의 불은 어떻게 다르기에 물에 들어가자 오히려 더 밝게 타오르는 걸까요?

우리가 어떤 물체에 열을 가했을 때 불이 붙는 현상을 '연소'라고 합니다. 양초를 예로 들어볼게요. 양초의 주성분인 파라핀은 탄소와 수소로 이루어져 있습니다. 파라핀에 열을 가하면 고체였던 파라핀이 녹으면서 액체가 되고 다시 기체로 변하죠. 이때 파라핀이 탄소와 수소로 나뉘고, 탄소와 수소는 공기 중 산소와 결합하게 됩니다. 심지와 가까운 곳에서는 탄소와 산소가 결합해 일산화탄소가 만들어지고요. 다시 일산화탄소는 밖으로 나가 산소 원자 하나를 더 받아 이산화탄소로 변합니다. 따라서 양초에 불이 붙었다는 건 파라핀의 탄소와 산소가 반응해 빛과 열을 내는 것이라고 말할 수 있죠. 이런 현상이 연소입니다.

하지만 태양이 빛과 열을 뿜어대는 방식은 연소와는 전혀 다릅니다. 태양은 두 가지 방법을 사용해 에너지를 방출합니다. 99.2%는 수소 핵융합 반응을 이용하고, 나머지 0.8%는 CNO 순환을 이용합니다.

태양이 빛과 열을 내는 대표적인 방법인 수소 핵융합 반응은 중수소와 삼중수소가 결합하는 핵융합 반응을 말합니다. 중수소는 양성자 1개와 중성자 1개로 구성된 수소, 삼중수소는 양성자 1개와 중성자 2개로 이루어진 수소입니다. 중수소와 삼중수소가 핵융합 반응을 일으키면 헬륨이 만들어지면서 자연스럽게 중성자 1개가 남게 됩니다. 단순하게 더하기 빼기라고 생각하시면 됩니다.

헬륨의 원자핵은 양성자 2개와 중성자 2개로 이루어져 있는데, 중수소와 삼중수소가 핵융합 반응을 할 때 삼중수소에 있는 중성자 1개는 짝을 찾지 못하고 남게 됩니다. 중수소와 삼중수소의 핵이 융합되며 질량을 잃어버린 거죠. 질량과 에너지가 같다는 상대성 이론에 따라 잃어버린 질량만큼 에너지가 방출됩니다. 그리고 이런 반응은 한 번에 끝나지 않고 연쇄적으로 계속해서 일어나게 되죠. 이런 화학 반응이 수소 핵융합 반응입니다. 우주에 존재하는 대부분의 항성이 이런 식으로 빛과 열을 뿜어냅니다.

또 다른 방법인 CNO 순환은 강강술래를 떠올리면 이해하기 쉽습니다. 보통 태양의 1.3배 이상 무거운 항성들은 수소 핵융합 반응보다 CNO 순환을 이용합니다. 이는 CNO 순환이 수소 핵융합 반응보다 더 높은 온도에서 일어나기 때문입니다. 즉 많은 질량을 가져서 중심의 온도가 높아야 CNO 순환을 일으킬 수 있다는 거죠.

CNO 순환은 촉매 반응으로 수소 핵융합 반응과는 다릅니다. 중수소와 삼중수소가 서로 충돌해 잃어버린 질량만큼 에너지를 방출하는 것과는 다른 거죠. 수소 원자핵이 탄소와 만나 질소가 되는데, 이 과정에서 에너지가 방출됩니다. 수소와 탄소가 만나 질소가 되는 과정에서 질량을 잃어버리기 때문이죠. 그리고 이는 계속 반복됩니다. 수소가 탄소C와 만나 질소N가 되

수소
원자

산소
원자

고, 질소가 산소O가 되고, 다시 산소가 질소로, 질소가 탄소로 변하는 과정이 반복되는 거죠. 마치 강강술래를 하는 것처럼 탄소, 질소, 산소가 서로 손을 잡고 둥글게 있는 겁니다. C탄소, N질소, O산소가 순환해서 CNO 순환이라고 부르며, 이렇게 바뀌는 과정에서 에너지가 방출됩니다.

물은 수소 원자 2개와 산소 원자 1개로 이루어진 화합물입니다. 그리고 수소는 태양의 연료가 되죠. 바로 이 때문에 태양의 불이 꺼지지 않는 겁니다. 태양을 물에 담그면 태양이 뿜어대는 열에 의해 물 분자는 수소와 산소로 분리되고, 이 과정에서 수소는 태양의 연료가 되어 더 활활 타올라서 물에 빠진 태양이 더 밝게 타게 되는 거죠. 불에 기름을 붓는 것과 같다고 볼 수 있습니다.

  태양은 연소를 이용해 평범하게 타는 불이 아니라 수소를
연료로 쓰는 핵융합 반응을 통해 빛을 내는 천체입니다. 그래서
우리는 태양의 불을 끌 수 없습니다. 오히려 물에 존재하는 수소
가 태양의 연료로 작용하기 때문에 태양에 물을 부으면 태양은
더 밝게 활활 타고 수명도 늘어나게 됩니다.

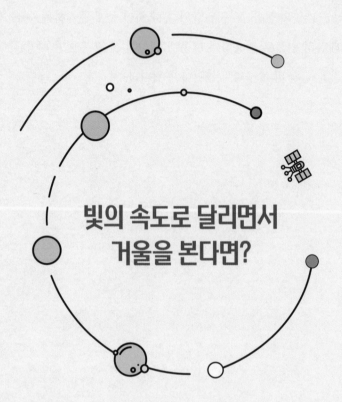

빛의 속도로 달리면서
거울을 본다면?

거울을 통해 나의 모습을 본다는 건 나로부터 반사된 빛이 다시 거울을 통해 그대로 반사되기 때문에 가능한 일입니다. 거울과 내가 서로 빛을 주고받고 있어 거울에 우리의 모습이 비치게 되는 거죠.

만약 우리가 영화의 영웅처럼 광속으로 달리면서 거울을 본다면 어떨까요? 거울에 반사된 빛보다 빠르게 움직이면서 거울을 보면 거울에 우리의 모습이 비치는 걸 확인할 수 있을까요?

거울을 확인하기 전에 상대성 이론을 먼저 살펴보죠. 상대성 이론은 아인슈타인이 만든 이론으로 현대 물리학을 대표하는 이론 중 하나입니다. 상대성 이론의 핵심은 '빛의 속도가 항상 일정'하다는 것입니다.

상대성 이론은 두 가지로 나뉘는데요. 일반 상대성 이론은 가속 상태, 즉 중력 안에서 적용되는 이론이고, 특수 상대성 이론은 등속 운동을 하는 특수한 상황에 적용하는 이론입니다. 특수한 상황이란 가속도가 '0'인 것과 같은 상황에서 적용할 수 있는 이론이라는 거죠. 우리는 광속으로 등속 운동을 하는 상황을 가정해야 하므로, 상대성 이론 중 특수 상대성 이론이 보는 세상을 이용해보겠습니다.

특수 상대성 이론이 설명하는 세상은 지금까지 우리가 알던 세상과는 전혀 다른 세상입니다. 이곳에서는 속도에 따라 질량이 변하기도 하고 시간이 늘어나기도 하죠. 우리가 절대적이라고 생각했던 모든 것이 상대적으로 변한다는 겁니다.

여기 우주선 A, B가 있습니다. A는 멈춰 있는 상태, B는 등속 운동을 하고 있다고 가정해보죠. 그리고 이 우주선의 바닥에서 빛을 쏴서 빛이 바닥과 천장을 왕복할 때 1초가 걸린다고 가정해보겠습니다. 그럼 이제 우주선을 움직여볼까요?

먼저 멈춰 있는 우주선 A를 보죠. 이 우주선은 멈춰 있기 때문에 빛이 한 번 왕복했을 때 정확히 1초가 걸리고, 이때 우주선

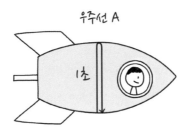

우주선 A

안을 왕복하는 빛은 직선으로 보입니다.

　하지만 우주선 B에서는 상황이 달라집니다. 우주선이 움직이며 빛도 같이 움직이기 때문에 우주선 B에서 움직이는 빛은

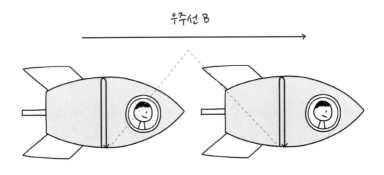

우주선 B

마치 밑변이 없는 삼각형처럼 보이게 됩니다. 이로 인해 빛은 더 먼 거리를 이동한 셈이죠. 그리고 우주선 B의 시계가 우주선 A의 시계보다 더 느리게 1초를 측정한다는 뜻이기도 합니다. 속도가 빨라지면서 시간이 늘어나게 된 겁니다. 이를 '시간 지연

현상'이라고 부릅니다. 그렇다면 이제 이 현상을 조금 다르게 해보죠.

지금 우리가 있는 곳은 등속 운동을 하는 우주선 B의 내부입니다. 이곳에서도 빛은 밑변이 없는 삼각형으로 움직이게 될까요? 아닙니다. 우리가 등속 운동을 하는 우주선 B의 내부에 있다면 이곳에서는 빛이 더 먼 거리를 이동하는 것을 느낄 수 없습니다. 우주선의 가속도가 0인 상태이기 때문에 우주선이 움직이고 있다는 것도 느낄 수 없죠. 그래서 우주선을 밖에서 보고 있는 관찰자가 움직이는 우주선 B를 보면 시간이 느리게 간다는 것을 알 수 있지만, 정작 우주선 B 내부에서는 시간이 느리게 가는 것을 느낄 수 없습니다. 왜냐하면 빛의 속도는 항상 일정하기 때문이죠. 그리고 이는 거울을 볼 때도 똑같이 적용됩니다.

광속으로 달릴 때 가속도는 0으로, 이때 달리는 사람의 눈을 가리면 자신이 광속으로 달리고 있다는 사실도 느끼지 못할 겁니다. 마치 우리가 우주선 B 안에서 우주선이 움직이는 것을 느끼지 못하는 것과 같죠. 따라서 광속으로 움직이는 사람의 공간은 멈춰 있는 것과 같다고 볼 수 있습니다. 그리고 이로 인해 거울에서 반사된 빛은 우리의 얼굴에 자연스럽게 반사될 것이고, 거울 속에 있는 자신의 모습을 멈춰 있을 때와 똑같이 볼 수 있습니다. 다만 이 가정에는 한 가지 허점이 있습니다.

상대성 이론에 따라 어떤 물체가 광속으로 움직이면 이 물체의 질량은 계속해서 늘어나 무한대 질량을 가지게 됩니다. 그리고 질량이 무한대로 늘어나는 물체를 가속하기 위해서는 당연히 무한대 에너지도 필요하죠. 하지만 무한대라는 개념은 수학에만 존재할 뿐 현실에는 존재할 수 없습니다. 그러니까 우리가 광속으로 움직이면 상대성 이론을 무시하는 것이 되므로 역설이 생기게 되는 거죠. 상대성 이론을 무시하면서 상대성 이론을 통해 이 현상을 설명하는 겁니다. 하지만 이런 역설이 중요하지 않다면 광속으로 달리며 거울을 봐도 변하는 것은 없다고 결론 내릴 수 있습니다.

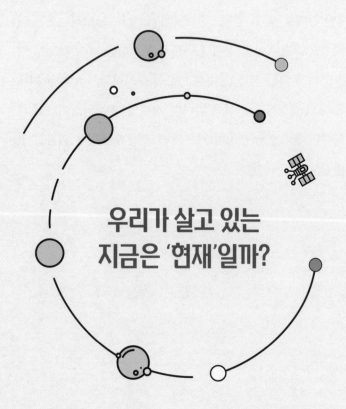

우리가 살고 있는
지금은 '현재'일까?

잠시 책을 내려놓고 지금 '현재'의 시간을 몸으로 느껴보세요. 현재는 사전적으로 '지금의 시간, 기준으로 삼는 그 시점'을 뜻합니다. 즉 실시간으로 우리가 느끼는 모든 것, 순간을 현재라고 하죠. 키보드 자판을 두드리며 키보드의 감촉을 느끼는 바로 이 순간, 종이 위에 새겨진 글자를 눈으로 읽고, 손으로 책의 질감을 느끼는 지금의 모든 순간을 '현재'라고 부르고 인식하죠. 단순히 말하면 과거와 미래의 딱 가운데, 중간을 현재라고 할 수 있습니다. 그런데 과연 정말 그럴까요? 우리는 항상 정확히 현재에 머물러 있을까요?

여기 작은 점이 하나 있습니다. 그리고 점을 중심에 두고 양

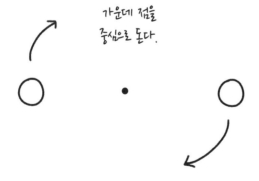

쪽으로 2개의 원이 있습니다. 2개의 원은 가운데가 텅 비어 있고, 가운데에 있는 작은 점을 중심으로 빙글빙글 돌고 있습니다. 이때 작은 점과 2개의 원이 수평을 이루면 원에 노란불이 켜지도록 해보겠습니다. 그림으로밖에 표현할 수 없어 아쉽지만 원에 노란불이 켜지는 걸 실제로 보면, 노란불이 원에 딱 맞게 켜지는 게 아니라 마치 노란불이 원을 따라오는 것처럼 보입니다. 이를 '섬광 지연 효과flash lag effect'라고 부르며, 일종의 착시현상입니다. 실제로는 동시에 불이 켜지지만 노란불이 원을 따라오는 것처럼, 즉 빛이 지연되는 것처럼 보여서 붙은 이름입니다.

그림으로 예를 들어서 어렵게 보이지만 우리는 이미 일상에서 섬광 지연 효과를 수도 없이 겪고 있습니다. 가장 대표적인 예로 축구를 들 수 있는데요. 여러분도 축구 경기 중에 오프사이드 판정을 받는 걸 자주 보셨을 겁니다. 오프사이드 판정은 축구

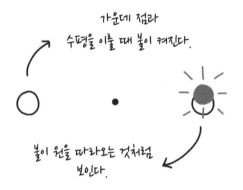

가운데 점과
수평을 이룰 때 불이 켜진다.

불이 원을 따라오는 것처럼
보인다.

경기 중 공격수에게 내려지는 반칙으로, 공격수가 공보다 앞에 있을 때 골키퍼를 포함해 최후방 두 번째 수비수를 지나서 공을 받았을 때 받는 반칙 판정입니다. 쉽게 말해 수비수 너머에서 공을 받으면 반칙이라는 거죠.

이 판정을 내릴 때 심판들은 섬광 지연 효과를 경험합니다. 심판이 경험하는 섬광 지연 효과는 앞서 예로 든 원형으로 회전하는 움직임이 아닌 왼쪽에서 오른쪽으로 움직이는, 직선으로 움직일 때 생기는 섬광 지연 효과와 같습니다.

공격수가 공을 받아 수비수를 넘어갈 때, 공격수가 공을 따라가는 게 아닌 공이 공격수를 따라오는 것처럼 보입니다. 실제로 공격수가 수비수 앞에서 공을 받아도 이 착시현상 때문에 수비수 뒤에서 공을 받아 움직이는 것처럼 보이는 거죠. 그리고 이는 축구 경기 판정에서 아주 빈번하게 발생하는 실수입니다. 그만큼 우리는 섬광 지연 효과를 일상적으로 자주 느낍니다. 그런데 이런 현상은 왜 일어나는 걸까요?

사실 이 현상이 왜 일어나는지 아직 정확하게 밝혀진 건 없습니다. 다만 가장 유력한 가설은 'motion integration'입니다. 이 가설에 따르면 우리가 어떤 신호를 받고, 이를 뇌에서 인식하기까지 어느 정도의 지연이 있다는 것입니다. 그 시간은 0.08초이며, 이 짧은 시간 때문에 착시현상을 겪는다는 거죠. 참고로 motion integration은 섬광 지연 효과를 설명하기 위해 만들어진 가

직선으로 움직일 때도 불이 따라오는 것처럼 보인다.

설은 아닙니다. color phi phenomenon이라는 현상을 설명하기
위해 등장한 가설인데, 이 현상도 섬광 지연 효과처럼 우리가 정
보를 늦게 받아들인다는 가설입니다. 섬광 지연 효과와 너무 비
슷해서 motion integration으로 섬광 지연 효과를 설명합니다.

앞서 예로 든 내용을 가설에 적용하면 가운데가 비어 있는
원이 점의 중앙 지점, 수평 지점을 지나갈 때 노란색 불빛이 켜
지면 뇌는 순간적인 자극을 받게 됩니다. 그 순간적인 자극을 뇌
는 바로 처리하지 못하고, 0.08초가 지난 후에 받아들여서 원이
점을 지나고 노란불이 켜진 것으로 인식하는 겁니다. 실제로는
제대로 된 시점에서 불이 켜졌어도 우리의 뇌가 동시에 인식하
지 못한다는 거죠.

섬광 지연 효과로 우리는 어떤 정보를 받아들이는 데 0.08초
가 걸린다는 걸 알게 됐습니다. 그렇다는 건 우리가 현재라고 느

끼고 믿는 모든 것들이 사실은 0.08초 전에 일어난 일이라는 뜻이기도 합니다. 정확히 현재 시각에 일어나는 일도 우리가 이를 받아들이고 인식하는 데는 0.08초의 시간이 필요하기 때문이죠. 여러분이 책을 읽고 있는 바로 이 순간도 사실 0.08초 전에 일어난 '과거'라고 할 수 있습니다.

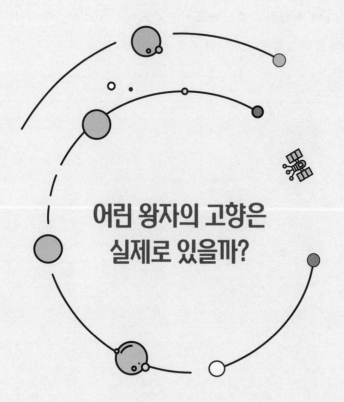

어린 왕자의 고향은
실제로 있을까?

생텍쥐페리의 소설《어린 왕자》는 1943년에 출간된 동화입니다. 많은 사람들에게 인생 동화로 손꼽히는 작품이죠. 그 아름다운 이야기 속에 한 가지 호기심을 자극하는 내용이 담겨 있는데요. 바로 어린 왕자가 자신의 고향이라고 이야기했던 '소행성 B612'의 정체입니다. 저는 어릴 적부터 이 행성이 진짜 존재하는 것인지 많이 궁금했습니다. 이 아름다운 이야기를 담고 있는 소행성은 정말 존재하는 천체일까요?

여러분 놀라지 마세요. 어린 왕자의 고향인 소행성 B612는 실제로 존재하는 소행성입니다. 1993년에 발견된 46610 베시두즈Besixdouze는 소설 속 어린 왕자의 고향과 같은 이름을 가졌습니다. 베시두즈가 어떻게 B612가 되냐고요? 46610을 16진법으로 나타내면 B612가 되고, 생텍쥐페리와 같은 프랑스인이 베시두즈라는 이름을 프랑스어로 그대로 읽으면 BeB Six6 Douze12가 됩니다. 그리고 생텍쥐페리는 프랑스인이죠. 이 정도면 답이 될까요?

그런데 뭔가 조금 이상하죠? 어린 왕자는 1943년에 출간된 소설인데 어떻게 1993년에 발견된 소행성이 어린 왕자의 고향과 같은 이름을 가지게 된 걸까요? 생텍쥐페리가 이 소행성의 존재를 예견이라도 한 걸까요?

사실 소설 속에 등장하는 B612는 16진법의 수도 아니고 심지어 이게 무엇을 의미하는지 아무도 모릅니다. 46610 베시두즈가 어린 왕자의 고향이 된 건 생텍쥐페리의 예견도 16진법이나 프랑스어 때문도 아닌 '명명법' 때문입니다.

우리 은하에는 약 2천억 개에서 4천억 개의 별이 있을 것으로 추정되는데요. 이 수치는 별을 하나하나 직접 세어본 결과가 아닌 추정값일 뿐이며 언제든지 변할 수 있습니다. 그리고 이렇게 많은 별이 존재하는 만큼 우리 은하에는 이 별들의 수천 배 수억 배에 달하는 천체가 존재합니다. 그래서 이렇게 많은 천체에 일일이 어떤 특별한 의미를 가지는 이름을 지어줄 수 없죠. 이러한 이유 때문에 우리는 소행성의 이름을 정하는 특별한 규칙을 만들었는데요. 이 규칙이 바로 명명법입니다.

명명법은 상당히 다양한 종류가 존재하는데요. 우리에게 가장 익숙한 명명법은 바이어 명명법Bayer designmation 입니다. 이 명명법은 1600년 무렵 천문학자 요한 바이어Johann Bayer 가 별자리를 바탕으로 별들을 정리하며 만들었습니다. 바이어 명명법은 먼저 별자리를 이루는 별 중 가장 밝은 별부터 알파α, 베타β, 감마γ 등 그리스어로 이름을 붙이는 방법인데요. 예를 들면, 밤하늘에서 가장 밝은 별인 시리우스는 'αCMa', '큰개자리 알파'라고 불립니다. 단순하게 그리스 문자 + 별자리 이름이라는 규칙을 이용해 이름을 짓는 거죠. 하지만 이런 명명법에도 한계가 생기기 시작했습니다. 별이 너무 많다는 거죠.

그 이후 등장한 명명법은 헨리 드레이퍼 목록Henry Draper Catalog 입니다. 헨리 드레이퍼 목록은 항성의 위치와 밝기 분광형을 기록한 목록으로 지금도 많이 쓰이고 있는 명명법이죠. 물론 이 명명법은 모두 항성의 이름을 짓는 방법이고, 소행성의 경우 또 다른 방법으로 이름을 정하고 있습니다.

소행성은 발견과 동시에 임시번호를 받게 됩니다. 소행성은 한 곳에 머물거나 우리가 쉽게 확인할 수 있는 궤도를 가지고 있지 않기 때문에 정확한 궤도가 확인될 때까지 임시번호를 매겨 기록하는 거죠. 이 임시번호는 발견 연도 + 발견 순서로 이름을 정하는데요. 제가 지금 글을 쓰고 있는 날을 기준으로 임시번호를 정해보면 2020DA라는 임시번호를 만들 수 있습니다. 이는 2020년에 발견되었고, D는 2월 말, A는 첫 번째 발견된 소행성이라는 뜻입니다. 그리고 'I', 'Z'를 제외한 24개의 알파벳을 이용해 전반기와 후반기로 나누어 알파벳을 정하는데요. A는 1월 전반기, B는 1월 후반기 등 규칙을 이용해 이름을 짓습니다. 'I'를 사용하지 않는 이유는 숫자와 헷갈릴 수 있기 때문입니다. 그리고 발견 순서는 다시 A~Z까지의 알파벳을 이용하는데요. 이때도 I는 사용하지 않고, A는 1번째 Z는 25번째로 표기하고 26번째부터는 A1~Z1로 표기해서 점점 숫자를 늘려갑니다. 2020AA1은 2020년 1월 전반기 26번째로 발견된 소행성이라는 뜻이 되죠.

　이후 소행성의 궤도가 정확히 밝혀지면 이때부터 소행성은 고유번호를 받게 되는데요. 이 번호 역시 그저 순서에 불과합니다. 하지만 고유번호를 받은 소행성에는 발견자가 원하는 이름을 인정해주기도 합니다. 무조건 원하는 이름으로 해주는 건 아니고, 이름이 적절한지를 심사한 후 이름을 인정해주고 공식적으로 기록에 남겨줍니다. 46610 베시두즈의 경우 46610은 이 소행성의 고유번호고, 베시두즈는 발견자가 지어준 이름입니다. 이 소행성의 고유번호를 보고 이를 16진법으로 나타내면 B612

가 되는 것을 발견한 천문학자들의 이과 감성이 어린 왕자의 고향을 실제로 존재하게 만들어준 겁니다.

46610 베시두즈는 어떤 소행성일까요? 46610 베시두즈는 약 2~5km의 크기를 가지는 소행성으로 태양으로부터 평균 2광년 정도 떨어진 곳에서 태양을 공전하고 있는 소행성입니다. 화성과 목성 사이에 존재하며, 이 소행성이 태양을 공전하려면 3년이라는 긴 시간이 필요합니다. 사실 이것 말고는 눈에 띄는 특징이 없는 평범한 소행성이죠. 어린 왕자의 고향이라고 불리는 이 소행성은 그저 독특한 고유번호를 가지게 된 아주 운이 좋은 녀석이라고 말할 수 있습니다.

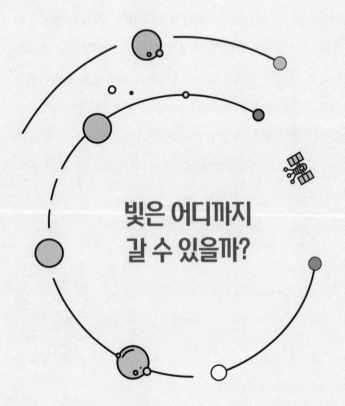

빛은 어디까지
갈 수 있을까?

지금 우리가 밤하늘에서 보는 천체는 모두 과거의 모습입니다. 지구에서 가장 먼 거리에서 관측된 GRB 090429B는 지구로부터 약 131억 광년 거리에 있기 때문에 우리는 약 131억 년 전의 과거를 보고 있다고 할 수 있죠. 131억 년 전에 만들어진 빛이 131억 광년을 날아와 지금 우리에게 관측되고 있는 거죠. 그렇다면 빛은 어떻게 이렇게 먼 거리를 이동할 수 있었을까요?

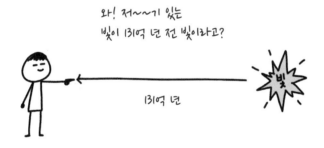

이유는 단순합니다. 빛이 무한한 거리를 이동할 수 있기 때문이죠. 단순하게 생각해보죠. 빛이 실제로 무한한 거리를 이동할 수 있다면, 우리는 어디에 있든 빛을 볼 수 있어야 합니다. 하지만 실제로는 그렇지 않죠. 지금 우리 앞에 가로등이 하나 있다고 가정하면 이 가로등 아래에서는 가로등에서 빛이 나온다는 걸 쉽게 알 수 있지만 가로등과 거리가 멀어질수록 가로등의 빛은 점점 희미해지고 가로등으로부터 많이 멀어지면 더 이상 가로등에서 나오는 빛을 볼 수 없게 됩니다. 그러니까 빛과 거리가 멀어질수록 빛의 밝기는 약해지고, 결국 빛이 보이지 않게 된다는 거죠. 그런데 어떻게 빛이 무한한 거리를 이동할 수 있다는 걸까요?

$$\text{Intensity} = \frac{1}{\text{Distance}^2}$$

이 식은 '빛의 감쇠'를 나타내는 공식입니다. 빛의 감쇠란 빛이 거리에 따라 밝기의 강도가 약해지는 것을 의미하며, 밝기는 약해지지만 절대 사라지지 않는다는 뜻입니다. 실제로 이 식에 값을 대입해 풀어보면 빛의 밝기가 '0'에 가까워지긴 하지만 아무리 노력해도 절대 '0'이 되지 않음을 알 수 있습니다. 그렇다면 왜 이런 일이 일어나게 되는 걸까요?

여기 방의 중심에 전구 하나가 매달려 있습니다. 이 방에서 전구에 불을 밝히면 방 중앙의 전구로부터 빛이 출발해 방 전체를 채우게 될 겁니다.

여기서 잠시 빛이 방의 벽에 도착하기 전에 시간을 멈출 수 있다고 가정해볼까요? 불이 켜지고 빛이 방 전체로 퍼지는 그

찰나에 시간이 멈추면 방 가운데에 방보다 50% 작은 크기의 원이 만들어질 겁니다. 이 원 안에 입자로서의 빛, 광자가 100개 들어 있다고 한다면, 현재 방 면적의 50%를 광자 100개가 채우고 있다고 할 수 있죠.

이제 시간을 다시 흐르게 해보죠. 이번에는 빛이 방 안을 가득 채우게 되었지만 광자의 개수는 100개로 여전히 같습니다. 그러니까 전구의 빛이 방의 50%를 채울 때도 광자는 100개, 방을 전체를 채울 때도 100개의 광자가 방을 채우고 있는 거죠. 채워야 하는 면적은 늘어났는데 광자의 개수가 같다는 건 광자의 밀도가 낮아진 것이고, 이로 인해 광자 1개가 방을 채워야 하는 면적은 50%에서 100%로 2배 늘어난 겁니다. 전구로부터 거리가 멀어질수록 광자 1개가 커버해야 하는 면적이 늘어나 빛의 밝기는 거리가 멀어질수록 약해집니다.

빛의 밝기가 약해진다는 건 빛의 파장이 길어지는 것을 의미하는데요. 그러면 빛이 우리가 볼 수 있는 가시광선의 영역을 벗어나 눈에 보이지 않게 됩니다. 그래서 거리가 멀어져 빛의 밝기가 감쇄하면 어느 순간 우리 눈에 보이지 않지만, 빛은 여전히

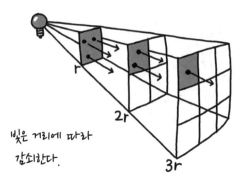

빛은 거리에 따라
감쇠한다.

존재합니다. 그렇다면 우리 방 안에 불빛은 어떨까요? 만약 형광 등의 빛도 무한한 거리를 이동할 수 있다면, 이 빛이 우주로 나 가 다른 외계 행성에도 닿을 수 있지 않을까요?

빛이 무한한 거리를 이동할 수는 있지만 정말 무한한 거리 를 이동하려면 특별한 조건이 필요합니다. 바로 진공 상태죠. 우 리가 무언가를 본다는 건 빛이 어떤 물체에 부딪혀 반사되어 돌 아와 눈에 들어와야 합니다. 그런데 빛은 이 과정에서 에너지를 잃게 되죠.

예를 들어, 지금 우리가 책의 글자를 보고 있는 건 형광등에 서 출발한 빛이 책에 반사되어 눈에 들어오고 있는 겁니다. 하지 만 빛의 여행은 여기서 멈추지 않죠. 우리 눈에 들어온 빛은 다 시 우리의 눈에서 반사되어 방 전체로 퍼집니다. 우리가 책을 보 는 동안 빛은 이런 과정을 무수히 반복하죠. 결국 빛은 방을 돌

아다니며 여기저기 반사되다가 에너지를 잃고 흡수되며 사라지게 됩니다. 그래서 우리 방에서 출발한 빛은 우주에 닿을 수 없죠.

하지만 우주에서는 다릅니다. 우주 공간은 $1m^3$에 수소 원자가 5개 정도만 존재할 정도로 텅 비어 있는 공간이죠. 이런 공간에서 빛이 이동하면 빛은 어떤 물질에도 부딪히지 않고 이동할 수 있습니다. 빛이 방해받지 않는 진공 상태에서 빛은 무한한 거리를 이동할 수 있으므로, 약 131억 광년 거리에 있는 GRB 090429B에서 출발한 빛도 지구에 도착할 수 있었던 거죠.

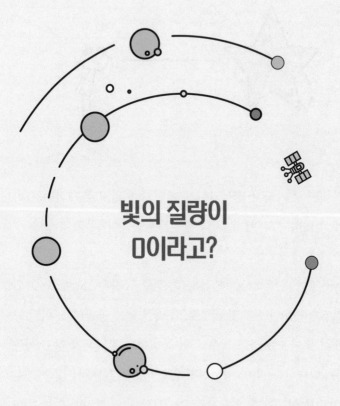

빛의 질량이
0이라고?

질량은 물질이 가진 고유한 양을 말합니다. 중력의 정도를 나타내는 무게와는 다른 개념이죠. 그래서 무게는 중력에 따라 바뀔 수 있지만, 질량은 절대로 변하지 않습니다. 몸무게가 60kg 인 사람이 있다고 했을 때, 지구에서 몸무게를 재면 60kg이지만, 달에서 재면 고작 10kg밖에 되지 않습니다. 달이 지구보다 6배 정도 중력이 약하기 때문이죠.

하지만 질량은 무게와 달리 절대 변하지 않습니다. 질량이 60kg이라면, 이 물체가 어디에 있든 항상 60kg의 질량을 가집니다. 이를 '질량 보존의 법칙'이라고 부릅니다. 그래서 질량은 물체가 가진 고유한 성질을 나타낸다고 할 수 있습니다. 그런데 질량을 가지지 않는 물질이 존재합니다. 이쯤 되면 이제 예상되시죠? 맞습니다. 바로 빛입니다.

빛은 항상 우리를 둘러싸고 있는 물질이지만, 그 정체가 제대로 밝혀지지 않은 수수께끼 같은 물질입니다. 빛은 입자인 동시에 파동으로 마치 잔잔한 물 위에 퍼지는 물결처럼 움직이고, 그러면서도 총알처럼 직진성을 가지죠. 그래서 빛을 입자인 동시에 파동이라고 이야기합니다. 이런 빛의 질량은 '0'입니다. 그런데 이건 정말 이상하죠? 0은 말 그대로 아무것도 '없음'을 나타내는 숫자인데, 어떻게 우리 주변에 이렇게나 가득한 빛이 '없다'고 이야기하는 걸까요? 사실 이건 말장난에 가깝습니다. 엄밀히 따지면 빛의 정지 질량, 즉 움직이지 않는 상태에서의 질량이 0일 뿐 빛의 실제 질량이 0이라는 뜻은 아닙니다.

뉴턴 역학에 따라 우주에 존재하는 모든 물체는 운동 에너지를 가지고 있습니다. 운동 에너지는 말 그대로 어떤 물체가 움직일 때 가지는 에너지를 말하죠. 하지만 이 에너지는 그저 어떤 물체가 움직일 때 생기는 힘만을 이야기하지 않습니다.

아인슈타인은 $E=mc^2$이라는 상대성 이론의 공식을 통해 질

$$E = MC^2$$

질량은 곧 에너지

량과 에너지가 같다는 걸 증명했습니다. 그래서 운동 에너지를 가지는 물질은 질량도 가지고 있다고 할 수 있죠. 빛도 마찬가지입니다. 빛이 멈춰 있을 때의 질량은 0이지만, 빛은 항상 움직이기 때문에 운동 에너지를 가지고 있습니다. 그리고 상대성 이론에 따라 에너지는 질량과 같아서 운동 에너지도 질량이라고 할 수 있죠. 그래서 빛이 멈췄을 때 에너지가 0이라고 하더라도, 운동 질량은 가지고 있으므로 빛이 존재하고 있다고 말할 수 있고요. 빛이 에너지 그 자체라는 걸 뜻합니다. 그런데 빛이 에너지 자체라면 굳이 빛의 정지 질량을 0이라고 하는 이유는 뭘까요?

빛의 정지 질량이 0이어야 하는 이유는 단순합니다. 빛이 정지 질량을 가지는 순간 상대성 이론이 무너지기 때문이죠. 상대성 이론에 따르면 질량을 가진 물질은 절대 광속을 넘어설 수 없습니다. 심지어 빛의 속도와 같은 속도를 가질 수도 없죠. 왜냐하면 질량이 있는 물질의 속도가 빨라지면 빨라질수록 물체의 질량이 끝없이 증가하기 때문입니다. 물질의 질량이 증가한다는 건, 이 물체를 가속하기 위한 에너지도 같이 증가해야 한다는 뜻이죠. 이런 일이 반복해서 일어나면 질량이 있는 물질에 에너지를 계속 넣어도, 이 물질을 가속해도 결국 빛의 속도에 닿지 못하게 됩니다.

$$m = \frac{m_0}{\sqrt{1 - \dfrac{v^2}{c^2}}}$$

운동량 보존 법칙에 따라 물체의 속도와 질량 사이의 관계를 위의 식과 같이 표현할 수 있습니다. 여기서 m은 질량, m_0은 정지 질량을 의미합니다. 그리고 v는 물질의 속도, c는 빛의 속도죠. 이 식에 따라 질량을 가진 물질의 정지 질량과 속도를 넣어 대입하면 물질의 질량이 얼마나 늘어나는지 알 수 있습니다.

m_0과 빛의 속도 c를 1이라고 놓고 계산하면 물질의 속도 v가 1, 즉 빛의 속도와 같아졌을 때 물질의 질량 m이 1/0이 되는 것을 볼 수 있는데요. 1/0은 수학적으로 불능을 뜻합니다. 해가 없다는 뜻이죠. 그러니까 질량이 1인 물질이 빛의 속도를 가지는 건 불가능하다는 결론이 나옵니다. 하지만 여기서 m_0, 정지 질량을 0이라고 하면 물질의 질량 m은 0/0이 되므로 이 식은 부정이 됩니다. 부정은 아직 정의되지 않았다는 뜻으로, 해가 무수히 많다는 뜻이죠. 따라서 질량을 가지는 물

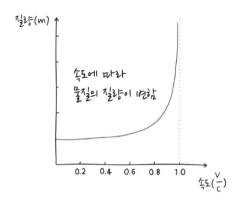

질이 빛의 속도를 가지면 식이 불능이 되어 아예 풀 수 없지만, 물질의 정지 질량이 0이 되면 해가 무수히 많은 부정이 되므로 이 식이 가능하다는 것을 알 수 있습니다. 그래서 상대성 이론에 따라 빛의 정지 질량이 0이라는 것을 확인할 수 있죠.

정리하면 빛의 질량이 0이라는 건 빛의 질량이 0이라는 게 아니라 빛의 정지 질량이 0이라는 것이고, 빛은 운동 에너지를 가지고 있으므로 운동 질량을 가지고 있는 겁니다.

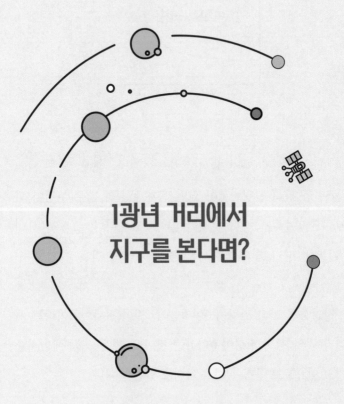

1광년 거리에서
지구를 본다면?

우리가 무언가를 본다는 건 그 물체에서 반사된 빛이 전달해주는 정보를 받아들이는 행위입니다. 아주 멀리 있는 행성이나 천체를 관측한다는 건 천체에서 출발한 빛을 보는 행위라고 할 수 있죠. 하지만 빛의 속도는 무한하지 않습니다. 빛은 유한한 속도를 가지며, 우리가 1km 거리에 있는 물체를 본다는 건 이 물체의 빛이 1km를 날아와 우리의 눈에 닿았다는 것을 의미합니다.

밤하늘의 별빛도 똑같습니다. 지금 우리가 보고 있는 별들은 이미 모두 죽은 별이라는 말을 들어본 적이 있을 겁니다. 이는 맞는 말이기도 하고 틀린 말이기도 합니다. 이 빛들은 별에서 출발해 가깝게는 몇 광년 멀게는 수십억 광년을 날아왔습니다. 그래서 우리가 보고 있는 별빛은 최소 몇 년에서 몇 억 년 전에 출발한 빛으로 오래전 과거의 모습이죠. 별의 빛이 출발하고 우리 눈에 닿기 전에 별이 실제로 사라졌다면, 이미 죽은 별의 빛을 우리는 한참 후에 보는 거겠죠. 물론 여전히 살아있는 별의 빛을 보기도 할 거고요.

그렇다면 지구를 아주 먼 거리에서 본다면 어떨까요? 만약 1광년 떨어진 곳에서 지구를 본다면, 우리는 지구의 1년 전 모습을 볼 수 있을까요?

어쩌면 가능한 일입니다. 1광년 거리에서 지구를 볼 수 있을 만큼 아주 거대한 망원경이 있다면요. 그럼 한번 만들어보죠. 세상에 하나뿐인 거대한 망원경이요.

현재 우리가 쓰는 가장 단순한 망원경의 원리를 이용해 1광년 거리에 있는 지구를 보기 위해서는 최소한 80m 지름의 망원경이 필요합니다. 하지만 이렇게 거대한 렌즈로 망원경을 만들었다고 해도 멀리 있는 물체를 볼 수 있는 게 아닙니다. 거대한 렌즈의 초점을 맞춰줄 긴 경통도 필요하거든요. 우리가 1광년 거리에 있는 지구를 보기 위해서는 지름 80m의 렌즈와 1,520m의 경통을 준비해야 합니다. 엄청 큰 망원경과 긴 경통까지 준비가 완료됐다면, 이제 지구를 한번 볼까요? 어떠신가요? 우리가

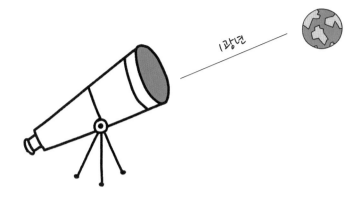

1광년

망원경으로 멋진 풍경을 보고, 전망대에 가서 별들을 관찰하는 것처럼 지구도 잘 보이나요? 실망하셨겠지만 이렇게 커다란 망원경으로 지구를 봐도 지구는 아주 작은 점으로 보입니다. 먼지처럼 보이기도 하죠. 지구의 표면을 제대로 보려면 지금 만든 것보다 더 어마어마하게 큰 망원경이 필요합니다.

1광년 거리에 있는 지구의 표면을 보기 위해서는 약 57,500,012m 지름의 렌즈가 필요합니다. 또 이 렌즈의 초점을 맞추기 위해서는 약 1,092,500,000m의 경통이 필요하죠. 지구의 지름이 12,756,000m인 걸 감안하면 이 망원경의 렌즈는 지구보다 무려 4.5배나 크고, 경통은 85배나 긴 길이입니다.

지구에 있는 물질로는 이렇게 거대한 망원경을 만들기 어렵겠지만, 만약 우리가 이런 거대한 망원경을 만들 수 있다면 우리는 1광년 거리에서 지구의 표면을 볼 수 있을 겁니다. 물론 1년

전 지구의 모습도 볼 수 있겠죠. 그럼 우리가 이보다 더 큰 망원경을 만들게 되면 어떻게 될까요?

망원경의 크기를 더 키우면 우리는 더 먼 과거의 지구를 볼 수 있을 겁니다. 하지만 무작정 망원경의 크기를 계속해서 키울 수는 없죠. 망원경은 흩어진 빛을 모아주는 도구입니다. 그래서 망원경으로 더 멀리 있는 물체를 선명하게 보기 위해서는 많은 빛을 한 곳으로 모아야 하죠. 혹시 여기서 뭔가 떠오르는 게 있으신가요? 네, 맞습니다. 바로 블랙홀입니다. 우리가 만약 망원경의 크기를 무한대로 키워 빛을 한 곳에 모은다면, 이 빛들이 모여서 하나의 거대한 블랙홀이 될 겁니다.

망원경의 크기를 키우면 더 먼 거리를 볼 수 있지만 이론상 우리가 만들 수 있는 망원경의 크기는 한계가 있습니다. 그러니 우리가 볼 수 있는 과거도 제한적일 수밖에 없죠. 그렇다면 우리가 만들 수 있는 가장 큰 망원경의 사이즈는 어느 정도일까요?

우리가 만들 수 있는 망원경 크기의 한계는 28lm light minute 크기의 렌즈입니다. 킬로미터로 환산하면 503,700,000km 지름의 렌즈죠. 지구와 태양 사이의 거리보다 약 3.3배 정도 더 긴 길이입니다. 이 크기가 우리가 이론상으로 만들 수 있는 렌즈의 최대 크기입니다. 이 망원경으로는 780광년 거리에 있는 지구의 표면을 볼 수 있습니다.

그런데 이렇게 좋은 망원경이 있어도 단 한 가지 보지 못하

는 게 있습니다. 바로 나 자신이죠. 상식선에서 생각해보면 우리가 1광년 거리에 있는 망원경에 가기 위해서는 1광년을 직접 이동해야 합니다. 실제로 가지도 못하겠지만 설령 간다 해도 오랜 시간이 걸릴 테니 우리가 망원경에 도착해서 볼 수 있는 건 이미 우리가 떠난 후의 지구일 겁니다. 그래서 1광년 거리에서 지구를 본다면, 지구의 과거를 보긴 하지만 우리가 떠난 후 오랜 시간이 지난 지구의 모습이라고 할 수 있죠.

만약 우리가 아주 빠른 속도로, 빛과 같은 속도로 움직일 수 있다면 어떨까요? 우리가 빛의 속도로 움직여 1광년 거리에 있는 망원경에 도착한다면 지구에서 출발하는 일과 망원경에 도착하는 일은 동시에 일어난다고 할 수 있습니다. 그러니까 우리가 1광년을 이동하는 동안 시간이 흐르지 않았다고 할 수 있는 거죠. 이렇게 순식간에, 동시에 일어난다면 지구에 있는 내 과거의 모습을 볼 수 있지 않을까요?

아쉽지만 이 경우도 우리는 우리의 과거를 볼 수 없습니다. 우리가 빛의 속도로 망원경까지 이동해서 지구를 보게 되었을 때 볼 수 있는 모습은 지구를 막 떠나고 있는 우리의 뒷모습 정도일 겁니다. 이런 방법으로는 정확히 우리의 과거를 봤다고 할 수 없죠. 그렇다면 정말 방법이 없을까요?

상상력이 뛰어난 사람들은 이렇게 생각할 수도 있습니다. '1년 거리에 있는 망원경을 원격으로 조종해 이 망원경에 비친 지구의 모습을 지구에서 받아보면 어떨까?' 이런 방법이 가능하다면 어쩌면 우리는 진짜 우리의 과거를 볼 수 있을지도 모릅니다. 하지만 이 방법으로 1년 전 내 모습을 보려면 2년이라는 시간이 필요합니다. 우리가 무언가를 본다는 건 그 물체에 대한 정보를 빛이 전달해주는 일이죠. 지구에서 출발한 빛이 망원경에 닿는 데 1년, 다시 망원경의 이미지가 우리에게 도착하는 데까지 1년이라는 시간이 걸립니다. 그래서 우리는 2년 후 망원경을 통해 1년 전 우리의 모습을 볼 수 있게 되죠.

빛의 속도는 유한합니다. 우리가 받을 수 있는 정보의 전달 속도도 정해져 있죠. 아주 멀리 있는 천체를 본다는 건, 천체의 과거를 보는 것입니다. 우리가 아주 먼 거리에서 지구를 본다는 것은 지구의 과거를 보는 것과 같다고 할 수 있죠. 하지만 현실적으로 우리가 지구의 표면을 보기 위해서는 말도 안 되게 큰 망

원경이 필요하고, 빛의 속도로 움직여야 하며, 예상보다 더 많은
시간이 필요합니다. 쉽지 않은 일이죠,

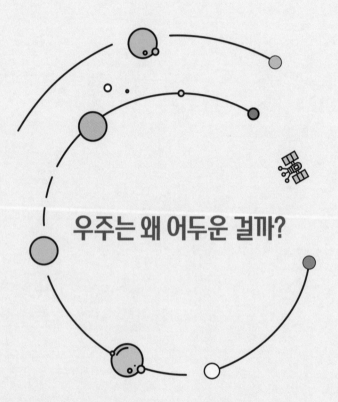

우주는 왜 어두운 걸까?

여러분은 혹시 그런 생각 안 해보셨나요? 낮은 왜 밝고 밤은 왜 깜깜할까? 낮 동안 밝은 빛을 내던 해가 사라지면서 빛도 사라지고, 그래서 밤하늘이 어두운 거라고 답하겠죠. 그럼 다시 질문을 하고 싶습니다. 하늘에는 별이 셀 수 없을 정도로 많다는데, 그럼에도 왜 밤은 어두컴컴할까요? 별이 그렇게 많다면 별빛들은 도대체 다 어디로 간 걸까요?

우리 은하에는 약 2천억 개에서 4천억 개의 별이 존재합니다. 생각보다 작은 숫자라고 느낄 수 있겠지만, 이를 우주 전체로 확대하면 이야기가 달라지죠. 우주 전체에는 수백억 개의

은하가 존재합니다. 그 은하마다 평균 3천억 개의 별이 있다고 추정할 수 있으므로, 우주 전체 별의 개수는 우리가 계산하기 힘들 정도로 많습니다. 약 600해 개의 별이 우주 전체를 덮고 있다고 합니다. 이렇게 별이 많다고 하니 더욱 궁금해서 참을 수가 없습니다. 셀 수 없이 별이 많은데, 도대체 밤하늘과 우주는 왜 어두운 걸까요?

여러분도 우주를 배경으로 찍은 우주 비행사의 사진이나 영상을 본 적이 있을 겁니다. 영상이나 사진을 보면 항상 우주 공간은 빛 한줄기 없는 암흑처럼 보이죠. 우주 공간이 실제로 그렇다면 우리가 지구에서 보는 그 수많은 별들은 도대체 어디에 있는 걸까요?

아주 오래전 우리와 같은 생각을 한 사람이 있었습니다. 독일의 천문학자 하인리히 올베르스Heinrich Wilhelm Matthäus Olbers 입니다. 이런 생각을 했던 19세기에는 우주가 무한한 크기이며, 무한한 별이 존재한다고 믿었습니다. 이는 뉴턴의 만유인력의 법칙 때문이었는데요. 우주에 존재하는 모든 물질이 서로를 당기고 있다고 믿었기에 우주도 같은 법칙이 적용된다고 생각했죠. 만유인력의 법칙이 우주를 지배하면 우주의 모든 것이 한 점으로 붕괴할 수 있으므로, 뉴턴은 우주의 붕괴를 막기 위해 무한한 크기의 우주에 중력적으로 평형을 이루는 무한한 별이 있는 우주를 생각해냈습니다.

하지만 이 우주에는 큰 문제가 있었죠. 무한한 크기의 우주에 별도 무한하다면, 당연히 무한한 양의 빛도 존재해야 합니다. 그리고 무한한 양의 빛이 존재한다는 건 눈을 뜰 수 없을 정도로 밝은 빛이 우주를 덮고 있어야 한다는 뜻이죠. 올베르스는 이 문제를 해결하기 위해 우주의 빈 공간에 가스가 존재하며, 이 가스들이 빛을 흡수해서 우주가 어두워 보인다고 설명했습니다.

하지만 이 주장에도 빈틈이 있었죠. 빛을 흡수한 물질은 온도가 높아지고, 온도가 높아진 물질은 별처럼 빛을 내기 때문에 올베르스의 주장대로 눈 뜰 수 없을 정도로 밝은 빛을 가스가 흡수한다고 해도 우주는 여전히 밝은 빛으로 가득해야 합니다. 하지만 실제로 관찰한 우주는 그렇지 않았죠. 이를 '올베르스의 역

우주에는 가스가 가득해서 별빛을 가리죠. 마치 안개가 자욱한 날에 불빛이 안 보이는 것처럼요!

우주가 비어 있는 것처럼 보이는 것은 천체로부터 방출된 빛이 아직 우리에게 도달하지 않았기 때문입니다.

설'이라고 부르는데요. 당시 많은 천문학자들이 이 역설을 풀려고 했지만 누구도 시원하게 설명하지 못했습니다.

우리가 평소에 잘 쓰지는 않지만 익숙한 단위인 절대 온도 K kelvin 을 만들어낸 물리학자 윌리엄 톰슨도 올베르스의 역설을 설명하려고 했던 과학자였는데요. 그는 빛의 속도를 이용해 이 문제를 풀려고 했습니다. 빛의 속도는 유한하므로 빛이 우주 공간을 여행하기 위해서는 그만큼의 시간이 필요한데, 우주의 나이가 어리기 때문에 멀리서 온 빛이 닿지 않았다고 주장했습니다. 그래서 우주가 빛으로 가득 차려면 적어도 수백조 년의 시간이 필요하다고 이야기했죠. 그러던 중 이 문제에 대한 실마리를 제공한 사람이 등장하는데요. 바로 문과 선생님 소설가 에드거 앨런 포Edgar Allan Poe 였습니다.

에드거 앨런 포는 강의록인《유레카》에서 우주에 대한 자신의 견해를 내놓았습니다. 그중 올베르스의 역설에 대한 설명도 있었죠. 에드거 앨런 포는 우주에 빛이 가득하지 않은 이유는 빛이 우리에게 닿지 않았기 때문이라고 했습니다. 무한한 크기를 가지는 우주에서 출발한 빛이 모두 우리에게 닿을 수 없다는 짧고도 낭만적인 풀이였죠. 하지만 이 풀이도 받아들여지지 않았습니다. 이는 과학적인 설명이라기보다는 소설가다운 감상에 가까운 주장이었기 때문입니다.

올베르스의 역설이 풀리게 된 결정적인 계기는 에드윈 허블

에 의해 발견된 우주의 팽창이었습니다. 우주의 팽창은 그때까지 사람들이 가졌던 생각을 완전히 뒤집어 놓았는데요. 이 발견으로 정적이고 무한한 크기를 가지고 있던 우주가 무한히 팽창하는 동적인 우주로 바뀌게 되었죠.

뉴턴이 제시한 우주가 틀렸다는 겁니다. 그리고 우주가 팽창하고 있다면 우주에 존재하는 빛도 팽창하기 전보다 더 먼 거리를 날아와 지구에 도착해야 하죠. 이 부분이 핵심입니다. 먼 거리를 날아오는 빛에는 도플러 효과doppler fect에 의해 적색편이 현상이 나타납니다. 단순하게 자동차가 멀어질수록 파장이 길어져 자동차의 소리가 작게 들리는 현상이 빛에서도 일어난다고 생각하시면 됩니다. 우리에게 멀어지는 천체가 방출한 빛도 소리처럼 파장이 길어지고, 이로 인해 적색으로 보이는 적색편이 현상이 일어난다는 거죠.

반대로 만약 어떤 천체가 우리에게 다가오며 빛을 방출하고 있다면, 이 천체는 마치 우리와 가까워지는 자동차처럼 파장이 짧아지고 청색으로 보여서 청색편이 현상이 나타나게 됩니다. 그리고 빛의 파장이 짧아지거나 길어져서 가시광선 영역을 넘어가면 이 빛은 우리 눈에 보이지 않게 되죠. 우리는 가시광선 영역까지만 볼 수 있으니까요. 그래서 우리에게 멀어지는 천체에서 나오는 빛이 우리의 눈에 보이지 않게 돼 우주가 어두워 보인다는 결론에 다다를 수 있습니다. 이렇게 올베르스의 역설이 풀리게 되었죠.

　　우주에는 빛이 가득합니다. 하지만 우리가 볼 수 없는 빛이죠. 우주가 어두워 보이는 건 실제 우주 공간이 어두워서가 아니라 우리의 눈이 우주의 빛을 받아들이지 못하기 때문입니다.

은하의 거리를 알 수 있는
적색편이, 청색편이

적색편이와 청색편이를 이해하기 위해서는 도플러 효과를
알아야 합니다. 도플러 효과는 파원이 가까워지면 음파나 빛
의 파장이 짧아지고, 파원이 멀어지면 음파나 빛의 파장이
길어지는 현상입니다.

멀리서 자동차가 달려오고 있다고 가정해보죠. 자동차가 멀
리 있을 때는 엔진소리가 작게 들리는데, 자동차가 점점 가

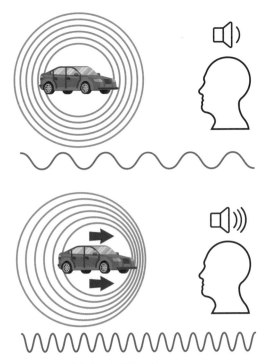

자동차 엔진소리로 알 수 있는 도플러 효과

까워져 옆을 지나갈 때는 엔진소리가 크게 들립니다. 그리고 자동차가 멀어지면 소리는 다시 작아지죠. 여기서 자동차가 파원입니다. 파원이 관찰자에게 가까워지면 음파의 파장이 짧아서 크게 들리고, 파원이 관찰자로부터 멀어지면 파장이 길어져서 소리가 작게 들리죠.

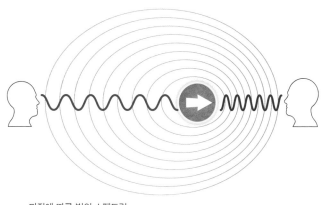

파장에 따른 빛의 스펙트럼

빛도 동일합니다. 다만 빛은 파장에 따라 색이 달라질 뿐이죠. 빛의 파장이 길어져서 빛의 스펙트럼이 빨간색으로 이동하는 게 '적색편이'고, 빛의 파장이 짧아져서 빛의 스펙트럼이 파란색으로 이동하는 게 '청색편이'입니다.
무지개는 우리가 볼 수 있는 모든 색이 담겨 있고, 이는 파장의 긴 순서와 같습니다. 빨간색이 가장 파장이 길고, 파란색으로 갈수록 파장이 짧아지죠. 그래서 우리 은하로부터 멀어지는 은하는 파장이 길어져 빨간색의 스펙트럼을 보여주고, 우리와 가까워지는 은하는 파장이 짧아져 파란색의 스펙트럼을 보여줍니다.

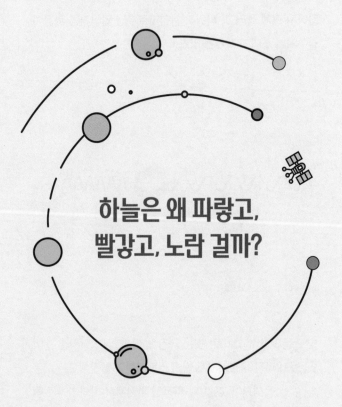

하늘은 왜 파랑고,
빨강고, 노란 걸까?

우리는 하루에도 시시때때로 변하는 하늘을 봅니다. 가을 한낮에는 높고 푸른 하늘을 볼 수 있고, 저녁이 되면 노을에 물들어 마치 불에 타는 것과 같은 붉은색의 하늘도 볼 수 있죠. 하루에도 지구의 하늘이 얼마나 많은 색으로 변하는지 우리 눈으로 직접 볼 수 있습니다.

하늘이 이렇게 여러 가지 색을 가질 수 있는 이유는 지구에 대기가 존재하기 때문입니다. 지구의 대기는 질소 78%, 산소 21%, 그리고 1% 기타 물질로 이루어져 있습니다. 그렇다면 지구의 대기는 어떻게 하늘을 물들이고 있는 걸까요?

어두운 방 안에서 손전등을 손에 들고 있다고 상상해보죠. 방 안에는 숨을 쉬는 데 필요한 공기가 가득하고 먼지도 조금씩 떠다니고 있습니다. 그래서 우리가 벽에 손전등을 비추면 손전등의 전구에서 나오는 빛이 벽에 부딪힐 때까지 어떻게 움직이는지 볼 수 있습니다. 빛의 궤적을 보게 되는 거죠.

이렇게 우리의 눈에 빛의 궤적이 보이는 이유는 방 안의 대기와 먼지에 의해 빛이 산란되었기 때문인데요. 빛이 방 안의 공기와 먼지에 부딪혀 각 방향으로 흩어지면서 빛의 궤적이 우리의 눈에 보이는 겁니다. 이는 지구의 대기에서도 똑같이 일어나죠. 태양으로부터 오는 빛은 백색광으로 노란색이나 빨간색이 아닌 우리가 볼 수 있는 모든 색이 담겨 있는 빛입니다.

여기 물감을 두는 팔레트가 있다고 가정해보죠. 우리가 그림을 그리고 팔레트를 청소하기 위해 물을 뿌리면 팔레트의 물감들이 모두 섞이면서 검은 물이 나오는 걸 볼 수 있습니다. 즉 모든 색이 섞이면 검은색이 된다는 걸 알 수 있죠.

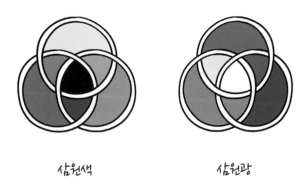

삼원색   삼원광

학창시절 미술 시간에 배웠던 삼원색이 기억나시나요? 왼쪽은 삼원색, 오른쪽은 삼원광입니다. 삼원색은 모든 색이 섞이면 검은색이 되고, 삼원광은 모든 색을 섞으면 오히려 하얀색이 됩니다. 빛은 삼원광입니다. 색을 섞으면 섞을수록 점점 더 하얀색에 가까워집니다. 그리고 반대로 생각하면 하얀색에는 모든 색이 들어 있다고 할 수 있죠.

태양에서 온 빛도 마찬가지입니다. 태양의 백색광은 우리가 아는 모든 색이 담겨 있습니다. 그렇다면 이 백색광은 어떻게 지구의 대기를 파랗게, 빨갛게 물들이는 걸까요?

우리가 볼 수 있는 빛은 가시광선이라고 불리는 영역의 빛입니다. 이 영역의 빛은 약 380~800nm 사이의 파장을 가지고 있는데요. 파장이 짧은 순서대로 보라색, 남색, 파란색, 초록색, 노란색, 주황색, 빨간색 순입니다. 흔히 우리가 아는 무지갯빛이죠. 하지만 이것만으로는 모든 색을 볼 수 없죠.

우리가 어떤 물체를 본다는 건 빛을 받은 물체가 반사한 빛을 받아들이는 겁니다. 색도 마찬가지죠. 예를 들어, 우리가 주황색 칫솔을 보고 있다면, 이 칫솔은 백색광 중 주황색만을 산란시켜 보여줍니다. 그래서 우리에게 이 칫솔의 색이 주황색으로 보이게 되는 거죠. 하늘도 똑같습니다. 하늘이 파란색인 이유는 지구의 대기가 파란색을 산란시키기 때문입니다. 그럼 붉은 노을은 어떻게 붉게 보이는 걸까요?

이는 햇빛이 비치는 거리 때문입니다. 지구의 자전 때문에 저녁에는 태양과의 거리가 상대적으로 멀어지게 되는데요. 그래서 태양 빛은 더 두꺼운 대기를 통과하게 됩니다. 쉽게 예를 들면 직사각형 식빵을 자르는 것과 같은데요. 일직선으로 자른 식빵과 사선으로 자른 식빵을 비교하면 사선으로 자른 식빵이 더 크죠. 저녁의 태양 빛도 이와 비슷합니다. 저녁에는 사선으로 빛이 이동하기 때문에 상대적으로 더 두꺼운 대기를 통과하는 거

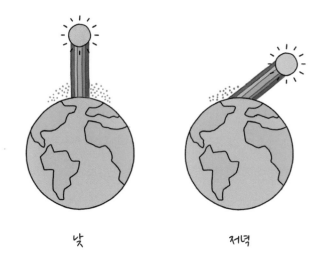

낮 　　　　　　　저녁

죠. 그리고 이 과정에서 파장이 긴 더 먼 거리를 이동할 수 있는 붉은 계통의 빛이 우리 눈에 들어옵니다. 그래서 노을이 붉게 물든 것으로 보이는 겁니다. 그렇다면 우주에서는 어떨까요? 우주도 시시때때로 색이 변할까요?

우주는 완벽한 진공에 가까울 정도로 물질이 없는 공간이기 때문에 빛이 산란하지 않습니다. 어두운 방에 있는 손전등을 다시 떠올려보죠. 우리가 손전등에서 나오는 빛의 궤적을 볼 수 있었던 건 방 안의 공기와 먼지 때문이었습니다. 공기와 먼지에 산란된 빛이 우리 눈에 들어오는 거라서, 빛이 산란되지 않으면 우리는 빛의 궤적을 볼 수 없다는 뜻입니다. 어두운 방에서 손전등을 켜도 빛이 있는지 없는지조차 알 수 없는 거죠.

우주에서는 대기가 없기 때문에 빛이 산란하지 않고, 우리는 빛의 존재를 느낄 수 없습니다. 이로 인해 대기가 없는 물질이 존재하지 않는 달의 표면에서는 하늘이 검은색으로 보이게 되는 거죠.

달에는 왜 대기가
없을까?

아폴로 11호가 달에서 찍은 지구

아폴로 11호가 달 표면에서 찍은 지구의 모습입니다. 흔히 볼 수 있는 사진이죠? 알록달록한 지구와 달리 달은 너무 심심하죠? 지구의 하늘이 파랗고 노랗게 변하는 동안에도 달은 변함이 없습니다. 왜냐하면 달에는 대기가 존재하지 않기 때문이죠. 지구의 대기가 파란색을 띠는 건, 대기가 빛을 산란하기 때문입니다.

그럼 달에는 왜 대기가 없을까요? 결론부터 말하면 달의 질량이 너무 낮기 때문입니다. 달의 질량은 지구와 비교해

우주에서 찍은 달

1/80밖에 되지 않습니다. 이는 달의 중력이 지구보다 약하다는 것을 의미합니다. 중력은 질량에 비례하기 때문이죠. 그래서 지구에서는 지구를 벗어나기 위한 중력 탈출 속도가 초속 11.2km인데, 달에서는 중력 탈출 속도가 초속 2.45km입니다. 그러니까 지구를 벗어나 우주로 나가는 것보다 달에서 우주로 나가는 것이 훨씬 쉽다는 거죠. 그리고 이는 대기에도 똑같이 적용됩니다.

중력 탈출 속도를 계산하는 아래의 수식에서 G는 중력 상수고요. M은 행성의 질량, R은 행성의 반지름입니다. 중력 탈

$$v = \sqrt{\frac{2GM}{R}}$$

출 속도란 어떤 행성에서 우주로 나가기 위한 최소한 속도를 말합니다.

이 식이 의미하는 것을 단순하게 보면 중력 탈출 속도는 행성의 질량에 비례 관계에 있고, 행성의 반지름과는 반비례 관계에 있습니다. 그래서 행성의 질량이 커질수록 중력 탈출 속도는 빨라지고, 반지름이 커질수록 중력 탈출 속도는 줄어드는 거죠. 여기서 반지름은 행성의 표면에 있을 때는 행성의 반지름이 되지만 만약 어떤 물체가 하늘에 떠 있는 상태라면 그 높이만큼을 반지름이라고 할 수 있습니다.

예를 들어, 지구의 표면에서는 중력 탈출 속도가 최소 초속 11.2km이지만, 우주정거장과 비슷한 고도 400km 우주정거장의 고도는 약 354km 에서는 초속 10.8km 정도가 됩니다. 정리하면 이 식이 의미하는 것은 중력 탈출 속도는 행성을 벗어나려는 물체의 질량과는 관계없다는 것입니다. 우리와 공기가 가져야 하는 중력 탈출 속도는 모두 같다는 거죠.

수성

달의 중력 탈출 속도가 더 낮다는 건 달에 있는 대기가 지구에 있는 대기보다 더 쉽게 우주 공간으로 빠져나간다는 것이고, 다르게 이야기하면 달이 대기를 붙잡아둘 수 있을 정도의 중력을 가지고 있지 않다는 겁니다. 이런 이유로 달에는 대기가 존재하지 않고, 하늘도 검은색으로 보이는 겁니다. 그렇다면 다른 천체는 어떨까요?

수성도 달처럼 대기를 가지고 있지 않은 천체입니다. 수성의 경우 대기를 붙잡아 둘 수 있을 정도로 강한 중력을 가지고 있기는 하지만, 태양 빛으로 인해 대기가 모두 날아간 경우에 해당하죠. 마치 물이 끓는 것처럼 태양 빛은 수성의 대기에 열을 가하고, 이렇게 열이 가해진 대기의 속도는 올라가게 됩니다. 끓는 물이 더 활발히 움직이는 것처럼 수성의 대기도 끓었다는 거죠. 그리고 이로 인해 수성의 대기는 수성의 중력 탈출 속도를 넘어서게 되었고, 이 대기들은 수성을 벗어나 우주 공간으로 날아가게 되었습니다.

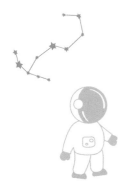

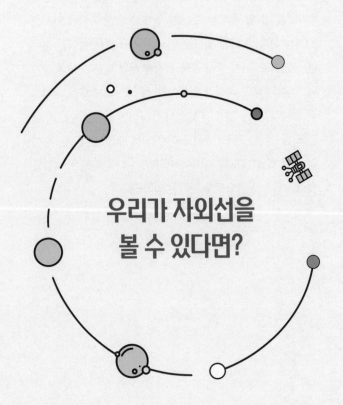

우리가 자외선을
볼 수 있다면?

우리가 뭔가를 볼 때 필요한 건 뭘까요? 바로 빛이죠. 빛으로 물체가 반사되어서 우리에게 전달되니 빛이 있어야 우리는 뭔가를 본다고 말할 수 있습니다. 우리가 볼 수 있는 영역의 빛은 가시광선으로, 약 380nm에서 780nm 정도의 파장을 가집니다. 다른 파장을 가지는 빛으로는 대표적으로 X-ray를 예로 들 수 있는데요. X-ray의 파장은 10nm에서 0.00000000001nm로 병원에서 뼈 사진을 촬영할 때 사용됩니다. X-ray는 가시광선보다 파장이 짧기 때문에 우리는 보지 못합니다. 다른 파장의 빛도 마찬가지입니다. 우리는 가시광선 영역의 빛을 제외한 다른 영역의 빛은 볼 수 없습니다. 그렇다면 우리는 왜 가시광선밖에 보지 못하는 걸까요?

이유는 단순합니다. 우리의 눈이 가시광선을 보도록 진화했기 때문이죠. 왜 그렇게 진화되었냐고요? 진화한다는 것이 어떤 환경에 적응하기 위한 것은 맞지만, 진화하는 개체는 스스로 어떻게 진화할지 선택할 수 없습니다. 우연한 기회에 진화했고, 그것이 생존에 유리하게 작용했다면 살아남아서 또 진화하는 겁니다. 뭔가 더 효율적으로 발전하는 진화는 애초에 존재하지 않는 거죠. 수정도 없습니다. 어떤 진화가 비효율적이라고 해도 그

걸 없던 일로 하고 다른 쪽으로 진화하는 일은 일어나지 않죠.

우리의 눈도 마찬가지입니다. 문어는 망막이 시신경 앞에 있어서 우리보다 좀 더 효율적으로 세상을 봅니다. 하지만 우리의 망막은 시신경 뒤에 있어서 물체를 볼 때면 늘 시신경이 시야를 가리죠. 그래서 눈은 지금도 수없이 많이 흔들리며 시야를 확보하고, 뇌는 이렇게 받은 이미지에서 시신경을 제거해 깨끗한 이미지를 보여주기 위해 노력하죠. 착시도 이로 인해 생깁니다.

이렇듯 진화는 완벽해지기 위한 선택이 아니라 우연히 일어나는 것이며, 잘못된 진화라면 이를 보완하는 방법을 찾아내는 과정이 있을 뿐입니다. 하지만 진화가 왜 일어났는지는 생각해볼 수 있습니다.

약 40억 년 전 지구의 바다는 미생물로 가득했습니다. 멀리

서 보면 그저 바다에 둥둥 떠있는 것처럼 보이지만, 사실 그들은 누구보다 치열하게 경쟁했습니다. 그리고 이 과정에서 수많은 진화가 이루어졌죠. 그러던 중 어떤 미생물이 빛을 감지할 수 있게끔 진화했습니다. 지금처럼 사물을 구분하는 진화는 아니었고, 그저 빛의 세기 정도만 구분하는 수준의 진화였죠.

하지만 이는 엄청난 무기가 되었습니다. 이 미생물은 빛의 세기가 강한 곳을 피할 수 있었고, 이를 통해 자외선으로부터 자신의 DNA를 지켜낼 수 있었죠. 그래서 빛을 감지하는 능력을 가진 미생물들은 그렇지 못한 개체들보다 더 많이 생존할 수 있었습니다. 자신의 DNA를 지구에 퍼뜨릴 수 있는 기회를 얻게 된 거죠.

이렇게 우리의 눈이 시작되었습니다. 물속에는 전자기파 중 가시광선이 잘 전달되므로 물속에서 시작한 우리의 눈은 당연히 가시광선을 감지하는 쪽으로 발달했을 겁니다. 그래서 우리의 눈은 지금까지 가시광선을 감지하고 있는 거죠.

다른 생각도 해볼 수 있습니다. 만약 자외선이나 적외선이 풍부한 환경이었다면, 지금 우리는 그 모든 걸 보게 됐을까? 진화를 예측해보는 건 쉽지 않지만, 이런 일은 일어나지 않을 겁니다. 가시광선 외에 다른 빛들은 생명체에게 위험하기 때문이죠. 만약 초기 생명체가 자외선과 적외선에 오래 노출돼 있는 환경에서 살았다면, 지금 지구에는 생명체가 없을 겁니다.

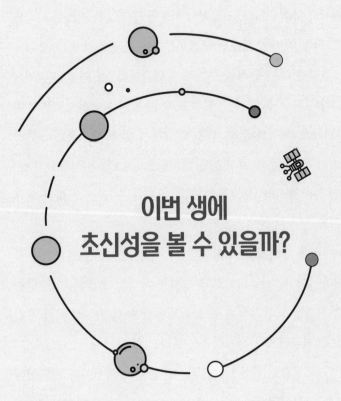

이번 생에
초신성을 볼 수 있을까?

초신성은 별이 최후를 맞이할 때 나타나는 폭발을 말합니다. 보통 나이 든 별이 마지막에 죽음을 맞이하면서 거대한 폭발을 해서 어마어마하게 밝은 빛을 내는 것으로 알고 있죠. 이 폭발은 몇 주 동안 굉장히 밝은 빛을 우주 곳곳에 퍼뜨리는데요. 보통 태양이 100억 년 동안 방출할 수 있는 양의 에너지와 같은 양이 방출된다고 합니다. 이렇게 신기하고 놀라운 일이 지구 가까운 곳에서 일어난다면 어떻게 될까요? 우리도 그 거대하고 밝은 초신성을 볼 수 있을까요?

지금으로부터 약 400년 전인 1604년, 선조 37년에 놀라운 기록이 있습니다. "1604년 10월 밤하늘에 객성이 나타나 약 50일 동안 밝게 빛났다." 여기서 객성은 혜성이나 밝기가 주기적으로 변하는 별을 의미하는 단어지만, 이 당시에는 초신성이란 개념이 없었기 때문에 초신성을 객성이라는 단어로 표현한 게 아닐까 추측해볼 수 있습니다. 이 기록은 너무 자세해서 지금도 초신성 연구를 할 때 자료로 쓰이고 있죠. 그런데 우리도 어쩌면 실제로 초신성을 볼 기회가 생길지도 모릅니다. 바로 베텔게우스Betelgeuse 덕분이죠.

베텔게우스는 지구에서 640광년 정도 떨어진 곳에 있는 항성으로 오리온자리에 있는 적색 초거성입니다. 반지름만 4.12광년에 이르는 거대한 크기를 가지고 있죠. 이는 태양과 지구 사이의 거리에 4.12배가 되는 크기인 동시에 목성의 궤도와 비슷한 크기를 가지고 있습니다. 이 별의 나이는 약 730년으로 사람으로 따지면 30대 초반 정도입니다. 그런데 좀 이상하죠? 초신성은 별이 최후를 맞는 순간에 일어나는 폭발이라고 했는데, 인간세계에서도 별 세계에서도 젊은 나이에 속하는 베텔게우스가 왜 폭발한 걸까요?

베텔게우스는 굉장히 젊은 별이지만 '중력 붕괴' 징후가 관측되었기 때문입니다. 중력 붕괴란 중력에 의해 천체가 자신의 중심을 향해 떨어지는 현상을 말하는데요. 별에게 중력 붕괴 징

저 별은 엄청 크고 밝네!

후가 보인다는 것은 별의 수명이 얼마 남지 않았다는 것을 의미합니다.

태양을 예로 들면, 태양의 중심에서는 수소 핵융합 반응이 일어나고 이로 인해 빛을 뿜어내죠. 그리고 중심에서 핵융합 반응이 계속 일어나기 때문에 자신을 누르는 중력을 밀어내면서 균형을 이뤄 지금의 모습을 유지하고 있는 겁니다. 중력 붕괴가 일어난다는 것은 지금 이렇게 잘 유지되고 있는 균형이 깨진다는 것을 의미합니다. 균형이 깨졌다는 건 자신의 연료를 모두 소진해 더 이상 중력을 밀어낼 수 없다는 뜻이죠. 그래서 중력 붕괴의 징후가 별의 죽음을 의미하는 겁니다. 베텔게우스에게 이런 징후가 보였던 거죠.

베텔게우스에서 중력 붕괴 징후가 보인다는 것은 베텔게우

스가 자신의 중심을 채우고 있는 수소 연료를 거의 소진했다는 것을 의미합니다. 이제 생이 얼마 남지 않았다는 거고, 곧 폭발한다는 거죠. 그렇다면 베텔게우스는 왜 이렇게 빨리 죽음을 맞이하게 된 걸까요?

베텔게우스는 질량이 굉장히 무거운 별입니다. 질량은 항성의 수명을 결정하는 데 가장 큰 영향을 미치는 요소입니다. 별이 태어날 때 얼마나 많은 연료를 가지고 있느냐가 별의 수명을 좌우하죠. 베텔게우스처럼 거대한 크기와 질량을 가지는 별들은 당연히 태양보다 많은 연료를 가지고 있지만, 거대한 크기에서 나오는 압력으로 인해 태양보다 훨씬 더 활발하게 핵융합 반응이 일어납니다. 그래서 질량이 무거운 별들은 빠른 죽음을 맞이하게 되죠. 간단히 말해서 많은 연료를 가졌지만, 그만큼 더 빨리 연료를 태우기 때문에 수명이 줄어드는 겁니다.

　이와 반대로 가장 작은 항성에 속하는 적색 왜성들은 약 800억 년에서 길게는 17조 년에 이르는 엄청난 수명을 가집니다. 우주의 나이가 138억 년인 걸 생각하면, 그때가 언제인지는 알 수 없지만 인류가 멸망할 때까지 적색 왜성의 죽음을 보지 못할 수도 있습니다. 어쨌든 현재 베텔게우스는 이런 이유 때문에 곧 죽음을 맞이할 것이고, 초신성을 일으키게 될 겁니다. 사실 지금 당장 터진다고 해도 이상할 게 없을 정도죠. 베텔게우스가 초신성을 일으키면 지구에 있는 우리는 어떻게 될까요?

　베텔게우스의 죽음이 가깝다는 이야기가 처음 나왔을 때만 해도 초신성의 강력한 폭발로 인해 인류가 멸망할 것이라는 이야기가 종종 들려왔지만 사실이 아닙니다. 베텔게우스는 640광년이라는 엄청나게 먼 거리에 있기 때문에 베텔게우스의 폭발은 지구에 어떠한 영향도 줄 수 없습니다. 물론 베텔게우스가 100광년 거리에 있었다면, 그때는 다른 결과가 생겼을 수도 있죠. 초신성은 보통 달보다 100배 이상 밝기를 가진다고 하니, 평생 잊을 수 없는 경험을 했을 수도 있습니다.

너희들 정체가 뭐야?
적색 초거성, 백색 왜성, 갈색 왜성

적색 초거성은 빨간색의 거대한 별을 이야기합니다. 부피만 따지면 우주에서 가장 거대한 크기를 가지는 항성입니다. 보통 태양 질량의 10배 이상인 별들이 초거성에 해당합니다. 수소 핵융합이 끝나고 헬륨을 태우는 단계에서 부피가 커지면서 초거성으로 변하게 됩니다. 그리고 초거성은 색깔에 따라 다르게 불립니다. 중심핵의 핵융합 반응이 빨라서 빨간색을 띠는 항성은 적색 초거성, 중심핵의 핵융합이 천천히 진행돼 파란색을 띠면 청색 초거성이라고 합니다.

백색 왜성은 작은 하얀색 별입니다. 하지만 진짜 별은 아닙니다. 태양과 질량이 비슷하거나 작은 별들은 핵융합 반응이 끝나면 행성상 성운이라는 아름다운 천체를 만들게 되는데요. 이때 행성상 성운의 중심에는 핵융합 반응 후 찌꺼기

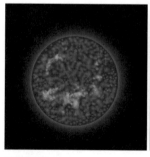

적색 초거성   청색 초거성

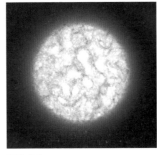

백색 왜성　　　　　　　　　갈색 왜성

들이 모이고, 이 찌꺼기들이 모여서 만들어진 별이 바로 백색 왜성입니다. 질량은 태양의 절반 정도이며, 지름은 지구보다 조금 더 큽니다. 백색 왜성은 더 이상 핵융합이 일어나지 않습니다. 핵융합이 일어나지 않기 때문에 에너지를 생성할 수 없고, 결국 점차 식어가면서 나중에는 관찰할 수 없게 됩니다.

갈색 왜성은 가스형 행성과 적색 왜성 사이에 있는 거대한 가스형 행성입니다. 갈색 왜성이 가스형 행성이라고 하면 우리에게 친숙한 목성이 가장 먼저 떠오릅니다. 하지만 목성이 갈색 왜성은 아닙니다.

갈색 왜성과 목성의 큰 차이점은 질량에 있습니다. 갈색 왜성은 무거운 질량을 가졌습니다. 목성보다 무려 13배 정도 무겁죠. 이로 인해 거대한 갈색 왜성은 종종 중심에서 핵융합을 일으킵니다. 아주 약하긴 하지만 그래도 스스로 빛을 내긴 하는 거죠. 갈색 왜성은 우리 은하에 아주 흔하게 존재할 것이라고 예상되지만, 스스로 빛을 강하게 내지 못하여 관찰이 쉽지 않아서 현재는 극히 일부만 확인이 가능합니다.

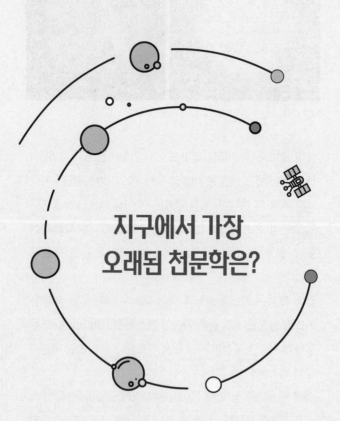

지구에서 가장
오래된 천문학은?

태양을 제외하고 지구에서 볼 수 있는 가장 밝은 별은 시리우스입니다. 겨울밤과 초여름 새벽녘에 하늘을 보면 커다란 사다리꼴 모양을 2개 붙여놓은 듯한 모양의 오리온자리를 쉽게 찾을 수 있습니다. 오리온자리를 찾은 후에 이를 이정표 삼아 동남쪽으로 눈을 돌리면 어렵지 않게 큰개자리를 찾을 수 있는데요. 큰개자리의 코 부분이 바로 시리우스입니다. 초여름 새벽녘에는 태양이 떠오르는 곳에서 조금만 동쪽을 보면 지평선 가까이에서 빛나고 있는 큰개자리를 찾을 수 있습니다. 물론 이런 복잡한 방법을 사용하지 않고도 '어? 저 별 엄청 밝네?' 이런 생각이 드는 별이 있다면, 아마도 그 별이 시리우스일 가능성이 높습니다.

　하지만 시리우스에게는 우리가 모르는 비밀이 있습니다. 바로 시리우스가 쌍성이라는 거죠. 시리우스는 시리우스 A와 시리우스 B로 이루어진 쌍성계로 1863년 광학 기술자 앨번 그레이엄 클라크Alvan Graham Clark에 의해서 발견되었습니다. 이전까지 인류는 시리우스의 존재는 알고 있었지만, 시리우스가 쌍성이라는 사실은 몰랐죠. 그런데 여기 놀라운 비밀이 있습니다. 앨번 그레이엄 클라크가 시리우스의 비밀을 밝혀내기 훨씬 전부터

시리우스가 쌍성이라는 사실을 알고 있던 사람들이 있었습니다. 바로 '도곤족'이라 불리는 원시 부족이죠.

도곤족은 서아프리카 말리 공화국에 사는 원시 부족으로 문명과는 담을 쌓은 채 절벽 아래에서 살아가는 부족입니다. 현재는 약 10만 명의 인구를 가진 것으로 알려져 있고, 세계에서 가장 독특한 부족이라 불립니다. 이 부족의 지난 벽화와 기록들을 보면 말도 안 되게 높은 천문학적 지식을 가지고 있는 걸 확인할 수 있습니다. 이들은 아주 오래전부터 시리우스의 쌍성, 토성의 고리, 목성의 위성 등을 알고 있었는데요. 이는 당시 기술로는 절대 알 수 없는 엄청난 지식이었습니다.

시리우스는 밤하늘에서 가장 밝게 빛났기 때문에 맨눈으로도 쉽게 찾을 수 있어서 아주 오래전부터 인류는 이 별의 존재를 알고 있었습니다. 가장 대표적인 예로 고대 이집트의 기록을 들 수 있는데요. 오래된 기록에서 시리우스에 대한 기록을 쉽게 찾아볼 수 있으며, 시리우스라는 항성이 얼마나 인류와 가까운 존재인지 확인할 수 있습니다.

하지만 시리우스의 존재를 알고 있었더라도 시리우스가 쌍성이라는 사실은 누구도 알지 못했습니다. 지구상에 있는 어떤 기록에도 시리우스가 쌍성이라는 기록은 없죠. 사실 이건 너무나 자연스러운 일입니다. 우리가 맨눈으로 관측할 수 있다고 하더라도 멀리서 보면 그저 하나의 별로 보이거든요.

시리우스는 평범한 별입니다. 지구로부터 약 9광년 거리에 있는 쌍성으로 시리우스 A는 태양보다 25배 정도 밝고, 크기는 태양보다 2배 정도 거대합니다. 태양보다 더 뜨거운 온도를 가지고 있어서 청백색으로 빛나는 별이죠. 동반성인 시리우스 B는 백색 왜성으로 우리가 실제로 관측한 최초의 백색 왜성입니다. 이처럼 시리우스는 특히 밝은 별이라는 점을 제외하고는 별다른 특징은 없는 별입니다.

하지만 도곤족에게 시리우스는 굉장히 특별한 존재였죠. 맨눈으로 관측할 수 없는 시리우스 B를 기리는 '시구이Sigui'라는 축제가 있을 정도였습니다. 시구이는 시리우스 B의 공전 주기와 같은 50년마다 벌어지는 축제로, 역사만 8,000년이 넘는 뿌리 깊은 축제입니다. 1844년에 시리우스 B의 존재가 예상되고 1862년에 시리우스 B의 존재가 관측되었다는 점을 생각해보면 도곤족은 존재할 수 없는 축제를 8,000년 가까이 이어나가고 있었던 겁니다. 그렇다면 도곤족은 시리우스 B에 대해서 얼마나 많이 알고 있을까요?

우선 그들의 언어로 시리우스 B는 "포 톨로Po Tolo"라고 불리며, '작은 씨앗'이라는 뜻을 가집니다. 도곤족은 이미 시리우스 B가 작은 별이라는 사실도 알고 있었다는 거죠. 여기서 멈추지 않고 도곤족은 시리우스가 백색 왜성이라는 사실도 알고 있었는데요. 시리우스 B를 매우 촘촘하고 묵직한 별이라고 표현한 데서 이 사실을 확인할 수 있습니다. 물론 도곤족이 백색 왜성, 그 자체에 대한 개념을 정확히 가지고 있는 것은 아닙니다. 그저 백색 왜성이 가지는 특징을 알고 있던 거죠. 그 옛날에 그들이 여기까지 알아낸 것도 놀랍지만, 더 놀라운 건 현대의 인류도 모르는 시리우스 C까지 알고 있었다는 겁니다.

시리우스 C는 아직 우리도 찾지 못한 시리우스의 또 다른 항성이죠. 그래서 정말 도곤족의 기록처럼 시리우스 C가 발견된다면, 도곤족이 현대의 우리보다 더 많은 천문학적 지식을 알고 있다고 할 수 있습니다. 시리우스에 대해서는 특히 더 그렇죠.

도대체 그들은 이런 천문학적 지식을 어디서, 어떻게 알게

된 걸까요? 도곤족 이야기를 하려면 'Nommo'를 빼놓을 수 없습니다. 도곤족의 전설에 항상 등장하는 Nommo는 시리우스 항성에서 온 외계인입니다. 이들도 지구에 땅을 만들고 동물을 태어나게 한 후에 인간을 탄생시킨 존재라고 이야기하죠. 도곤족에게 천문학 지식을 알려준 이들도 바로 Nommo라고 전해집니다.

그들이 알려준 천문학 지식은 지구가 태양의 주위를 돌고 있다는 것과 토성의 고리, 목성에 존재하는 4개의 위성에 대한 것이었습니다. 참고로 목성에는 지금까지 총 79개의 위성이 발견됐지만, 목성의 가장 핵심적인 위성은 이오, 유로파, 가니메데, 칼리스토 이렇게 4개입니다. Nommo가 목성의 위성이 4개라고 말한 부분이 틀린 부분이 아니라는 거죠. 그리고 은하계가 나선 모양이라는 것도 알려주었다고 합니다. 정말 신기하죠. 이런 전설이 정말 사실일까요?

먼저 시리우스 C의 존재 여부는 현재까지는 알 수 없으나 존재할 가능성이 충분해 보입니다. 도곤족의 전설처럼 하나의 별이라고는 할 수 없고 실패한 별이라고 불리는 갈색 왜성일 가능성이 있죠. 갈색 왜성은 질량이 충분하지 않아 스스로 핵융합 반응을 일으킬 수 없는 별을 말하는데, 행성과 항성의 중간쯤에 있는 애매한 친구입니다. 하지만 이는 그저 우리의 예상일 뿐 존재 여부도 밝혀지지 않았고, 시리우스 C만으로 도곤족 전설의 사실 증명을 가리기는 어려움이 좀 있습니다.

만약 시리우스 항성계에 생명체가 살 수 있다는 작은 증거를 밝혀낼 수 있다면, Nommo도 실제로 존재할 가능성이 있다고 볼 수 있습니다. 하지만 이 경우도 아쉬운 결론에 도달하게 됩니다. 시리우스는 2~3억 년 나이를 가진 어린 별에 속해서 이곳에서 생명체가 존재했다고 하더라도 도곤족의 Nommo처럼 극도로 진화한 문명을 형성하는 일은 없기 때문이죠.

또 시리우스 자체가 쌍성계이기 때문에 이곳에 있는 행성은 아주 어지러운 궤도를 가지게 되는데요. 참고로 이 궤도를 정확히 계산하는 것은 변수가 너무 많아서 불가능합니다. 이 행성의 궤도를 8자라고 가정하면, 시리우스 쌍성계를 도는 행성은 어떤 시기는 시리우스와 너무 멀어져서 행성의 모든 것이 얼어버릴 정도로 추운 날씨를 겪고, 또 어떤 시기는 시리우스와 너무 가까워져서 행성의 모든 게 불에 탈 정도로 뜨거운 시기를 겪을 겁니다. 이런 극한의 환경에서 생명체가 살아가고 진화한 문명이 생기는 건 상식적으로 어려움이 많습니다. 때문에 Nommo가 존재할 가능성은 거의 없다고 할 수 있죠.

실제로 도곤족의 전설에는 우리의 천문학적 지식을 앞서는 것들이 많이 등장하지만 틀린 이야기도 아주 많습니다. 하지만 이런 작은 모험들이나 이야기들은 지루한 일상을 재밌게 만들어주고, 우주에 대해 무궁무진한 상상을 하게 만들어서 그 자체만으로도 큰 의미가 있죠.

별자리는
모두 외국어일까?

오리온자리 Orion 나 카시오페이아자리 Cassiopeia 같은 별자
리들은 대부분 그리스 신화에 나오는 인물들의 이름으로 되
어 있습니다. 그래서 모든 별자리를 외국에서 발견하고, 외
국어로 이름 붙여졌을 거라고 생각하지만 우리나라도 아주
오래전부디 별을 관측해왔습니다.

정확히 언제부터 천문학의 개념이 시작됐는지는 알 수 없으
나, 청동기 시대의 고인돌에서 별자리를 관찰한 흔적을 찾아

아득이 고인돌   첨성대

볼 수 있습니다. 대표적인 예로 '아득이 고인돌'에는 북두칠
성을 기준으로 작은곰자리와 북극성 등이 새겨져 있습니다.
또 삼국시대의 대표 유산인 첨성대는 현재 남아 있는 세계
에서 가장 오래된 관측대이기도 합니다. 그렇다면 우리나라

천상열차분야지도
(출처 : 서울역사박물관)

고유의 별자리는 어떤 게 있을까요? 초기 초기에 목판, 석각 등으로 제작된 전천천문도 全天天文圖 인 '천상열차분야지도 天象列次分野之圖 '에 우리나라의 별자리가 고스란히 새겨 있습니다.

천상열차분야지도는 밤하늘을 3원 28수로 표현했습니다. 여기서 3원은 북극 근처의 3개의 영역을 뜻하며, 각각 자미원 紫微垣 , 태미원 太微垣 , 천시원 天市垣 으로 나뉩니다. 자미원은 옥황상제가 기거하고 있는 영역을 나타냅니다. 태미원은 현재에 비유하면 공무원들이 기거하는 영역입니다. 천시원은 일반 도시, 즉 백성들이 있는 영역이죠. 이렇게 3원은 하늘의 궁전을 뜻합니다. 그리고 28수는 사신과 관련이 깊은데요. 여기서 사신은 죽음의 사신이 아니라 동방의 청룡, 서방의 백호, 남방의 주작, 북방의 현무를 나타냅니다. 그리고 이 영역에 각각 7개의 별자리 각각 들어 있습니다. 이렇듯 우리나라에도 고유의 이름을 가진 별자리 28개가 있습니다.

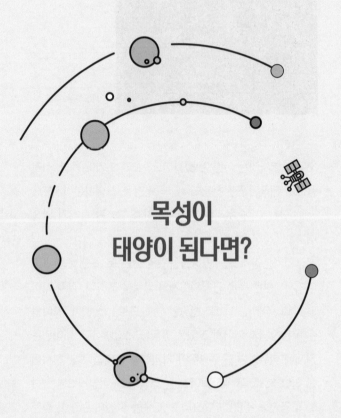

목성이
태양이 된다면?

목성은 태양계에서 가장 거대한 행성입니다. 물론 태양과 질량으로 비교하면, 목성은 태양의 1/1,047 정도의 질량만을 가지고 있지만, 지구가 태양의 1/333,000 정도의 질량을 가진다는 걸 생각하면 목성이 얼마나 거대한 행성인지 실감할 수 있습니다.

목성은 지구와는 또 다른 독특한 특징을 가지고 있는데요. 지구는 암석으로 이루어진 암석형 행성이고, 목성은 가스로 이

루어진 가스형 행성이라는 점입니다. 즉 태양과 같은 구성 성분을 가지고 있다는 거죠. 그렇다는 건 목성이 지금보다 더 무거운 질량을 가지고 있었다면, 태양계에는 항성이 2개였을 가능성이 있다는 겁니다. 그렇다면 만약 목성이 태양과 같이 스스로 빛을 내는 항성이 된다면 어떨까요?

목성을 태양으로 만들기 전에 한 가지 짚고 넘어가야 할 것이 있습니다. 바로 목성의 질량이죠. 앞서 이야기했듯이 목성은 태양에 비하면 턱없이 적은 질량을 가지고 있습니다. 사실 목성과 태양의 차이점은 그저 누가 더 무겁냐의 차이만 있을 정도로 질량을 제외하고는 큰 차이점이 존재하지 않죠. 그렇다면 무거운 질량을 가져야 태양처럼 빛을 낼 수 있는 걸까요? 목성도 질량이 커지면 태양처럼 될 수 있는 걸까요?

질량은 중력에 많은 영향을 미칩니다. 질량이 중력의 크기를 결정하는 가장 중요한 요소죠. 질량이 크다는 건 더 강한 중력을 가지고 있다는 걸 의미합니다. 그리고 중력이 크다는 것은 상대성 이론에 따라 시공간을 더 심하게 휘어지게 만든다고 이야기할 수 있죠.

여기 마법의 구덩이가 하나 있다고 가정해보죠. 이 구덩이에 걸린 마법은 계속해서 물질들을 끌어당기는 마법입니다. 그럼 이제 구덩이에 공을 굴려볼까요? 구덩이에 공을 여러 개 굴리면 당연히 공은 구덩이 중심을 향해 굴러갑니다. 그리고 이 공들이 구덩이의 바닥에 닿자 구덩이의 마법이 시작됩니다. 구덩이가 끝없이 공을 빨아들이는 거죠. 그리고 이 마법으로 인해 공은 동그란 모양에서 점점 찌그러지면서 울퉁불퉁해지기 시작합니다. 이것이 '중력의 마법'입니다.

동그란 공을 바로 세웠을 때 높이가 10cm라면, 찌그러진 공의 높이는 5cm입니다. 이로써 위치 에너지가 바뀌게 된 거죠. 그리고 이렇게 생긴 에너지는 다른 곳으로 가지 않고 공을 뜨겁게 만듭니다. 이런 현상이 항성의 중심에서 일어나는 거죠. 중력으로 인해 중심으로 계속 끌어당겨진 물질들의 위치 에너지가 물질을 뜨겁게 해서 핵융합 반응이 일어날 수 정도로 온도를 높이는 겁니다.

이러한 차이로 인해 목성과 태양이 행성과 항성으로 나뉘게 된 것입니다. 목성의 중력으로는 공을 충분히 찌그러뜨리지 못하기 때문에 핵융합 반응이 일어나지 않고, 태양은 자신의 중력으로 공을 찌그러뜨려 충분히 온도를 높일 수 있으므로 핵융합 반응을 통해 에너지를 방출할 수 있게 된 거죠. 그렇다면 목성이 태양처럼 충분한 중력을 가지기 위해서는 얼마나 더 많은 질량이 필요할까요?

우주에서 가장 작은 항성인 적색 왜성은 목성보다 최소 70배 이상 무거운 질량을 가지고 있는 별입니다. 태양 질량의 최소 0.081배의 질량을 가지고 있죠. 그래서 목성이 지금보다 최소 70

배 이상만 무거워지면 목성 중심에서 핵융합 반응이 시작될 것이고, 마침내 목성은 하나의 항성으로 거듭나게 될 겁니다. 이렇게 더 무거워지고 반짝거리는 목성은 태양계에 어떤 영향을 미치게 될까요?

결론부터 말하면 안타깝지만 목성이 적색 왜성이 되어도 태양계에는 아무 일도 일어나지 않습니다. 분명 이전보다 더 강한 중력을 가지겠지만 태양계에 영향을 미칠 정도로 강력하지는 않기 때문이죠. 하지만 목성을 공전하는 위성은 목성의 질량 변화로 인해 끔찍한 나날을 보내게 될 겁니다. 갑자기 커진 목성의 중력에 의해 찢어지거나 궤도가 바뀌면서 목성 밖으로 튕겨져 나가는 위성도 생길 수 있죠. 하지만 태양계는 이전과 똑같이 안정적인 궤도를 유지할 겁니다. 지구는 어떻게 될까요? 태양계의 항성이 2개가 되면 지구는 큰 영향을 받지 않을까요?

지구의 환경은 아주 예민합니다. 작은 변화에도 쉽게 변화가 나타나고, 그 변화로 생명체가 사라질 수도 있죠. 하지만 목성이 항성이 된다고 해도 지구에 큰 변화는 없을 거예요. 왜냐하면 목성이 너무 멀리 있기 때문이죠. 목성은 직선상으로 평균 약 5.2광년 거리에 있습니다. 지구와 태양 사이의 거리가 약 1광년이므로 그보다 5.2배 정도 더 먼 거리에 있는 거죠.

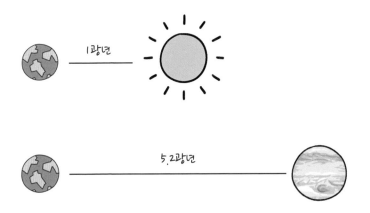

또 적색 왜성이 된 목성의 밝기는 태양의 약 0.27%밖에 되지 않죠. 그래서 목성의 빛은 지구에 큰 영향을 주지 못합니다. 물론 그렇다고 해서 지구에 아무런 변화가 없는 건 아니에요. 하늘에 멋진 구경거리가 하나 더 생기겠죠. 낮에도 흐릿한 목성을

볼 수 있고, 밤에는 붉은색으로 불타는 목성을 볼 수 있습니다. 달보다 조금 더 큰 아름다운 항성을 맨눈으로 관측할 수 있는 거죠.

만약 목성이 태양과 같은 질량을 가지면, 어떻게 될까요? 그때부터는 태양계에 영향을 미치기 시작합니다. 가장 먼저 영향을 받는 행성은 지구입니다. 지구는 목성의 중력에 이끌려 점점 목성으로 다가가 결국 목성의 먹이가 될 겁니다. 물론 이런 궤도를 계산하는 일은 복잡하고 어려우므로 지구가 100% 목성에게 삼켜질 것이라고 확신할 수는 없습니다. 하지만 목성에 먹히지 않는다 해도 지구는 목성의 중력에 의해 태양계 밖으로 튕겨져 나가게 될 겁니다. 그리고 목성과 가까운 순서대로 태양계 바깥으로 튕겨 나가거나 새로운 공전 궤도를 가지는 행성이 생기겠죠. 목성이 태양이 되는 순간 우리가 알던 태양계가 모두 사라져 버리는 겁니다.

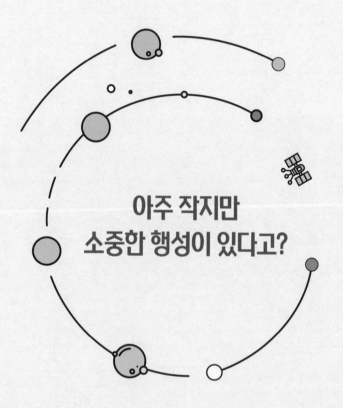

아주 작지만
소중한 행성이 있다고?

Kepler 37b는 우주에서 가장 작은 행성으로, 지구에서 약 212광년 정도 떨어진 곳에 있습니다. 이 행성의 크기는 지구 지름의 35%로 달보다 아주 조금 더 큰 행성입니다. 그런데 뭔가 이상하죠? Kepler 37b가 달보다 조금 더 크다면 행성이 아니라 소행성이라고 불러야 맞지 않을까요?

Kepler 37b의 크기만 보면 소행성으로 분류하는 게 적당해 보이지만 사실 그렇지 않습니다. 우리가 정한 행성의 정의 때문이죠. 국제 천문 연맹에서 정한 행성의 정의 첫 번째 조건은 "행

성은 태양을 공전하고 있어야 한다" 입니다.

　행성의 정의는 태양계 내부에 있는 천체에 한해서만 의미를 가집니다. Kepler 37b가 둥근 모양을 유지할 수 있을 정도의 중력, 즉 질량을 가지고 있다면 소행성이 아니라 행성으로 불러야 합니다. 그래서 Kepler 37b는 우주에서 가장 작은 행성이라는 타이틀을 가질 수 있었죠. 그리고 Kepler 37b가 행성으로 불리는 이유가 하나 더 있습니다. 바로 태양계 바깥에서는 소행성을 찾을 가능성이 불가능에 가깝기 때문이죠. 무슨 이야기냐고요?

　태양계 바깥에서 행성을 찾으려면 행성이 공전하는 기준 항성인 모항성의 주변을 공전하는 행성이 항성 앞을 가로막을 때 생기는 '그림자'를 찾아야 합니다. 행성은 스스로 빛을 방출하지 않기 때문에 행성을 직접 찾을 수 없거든요. 물론 행성의 그림자를 찾는 것도 결코 쉽지는 않습니다.

　태양계로 예를 들면, 태양계 전체 질량의 99.85%가 태양이고, 나머지 0.15%가 전체 행성의 비율인데요. 항성과 비교하면 행성은 정말 말도 안 되게 작습니다. 행성의 실제 그림자도 너무너무 작아서 직접 관측되지 않고, 항성이 내뿜는 빛의 밝기가 바뀔 때나 갑작스럽게 조금 낮아졌을 때를 이용해서 찾습니다. 마치 그림자놀이를 하는 것처럼요. 그림자놀이에서 손전등 앞을 손으로 가렸을 때 생기는 그림자의 크기는 거리에 따라 달라지고 손가락의 크기에 따라 달라지기도 하죠. 바로 이러한 차이를 이용해 행성과 모항성의 거리, 질량과 크기 등을 예측하는 겁니다.

소행성도 비슷합니다. 소행성은 모항성으로부터 멀고 크기도 아주 작기 때문에 항성의 앞을 가로지른다고 해도 우리가 관측할 수 있을 정도의 그림자가 생기지 않습니다. 그래서 태양계 밖에서 소행성을 찾는 일은 거의 불가능에 가깝죠.

Kepler 37b는 작은 크기 외에 특별한 점은 발견되지 않았지만, 이렇게 작은 행성을 찾을 정도로 기술이 발전했다는 것은 앞으로 우주를 더 세밀하게 탐구할 수 있다는 희망을 주죠. 그리고 이렇게 작은 행성들로 이루어진 행성계도 존재할 수 있으므로 우리 은하에 더 많은 행성계가 존재한다는 것도 예상할 수 있습니다.

우리 은하에 행성계가 많이 존재한다는 건 우리에게 아주 중요한 의미를 가집니다. 어쩌면 외계 생명체가 존재할 가능성과 더불어 우리가 지구를 더 잘 이해할 수 있게 도와주는 역할을 하기도 합니다. 현재 우리는 지구에 생명체가 어떻게 시작되었는지, 심지어 지구가 어떻게 만들어졌는지조차 정확히 밝혀내지 못했죠. 지구의 비밀을 밝히기 위해서 우리는 더 많은 행성계를 찾아야 합니다. 행성이 어떻게 만들어지는지를 이해하면 자연스럽게 지구가 어떻게 만들어지는지도 알게 될 것이고, 생명체의 탄생과 생명체가 살아갈 수 있는 행성의 환경에 대해서도 알 수 있죠. 이처럼 Kepler 37b는 발견만으로도 이미 특별한 의미를 가집니다.

우리는 어떻게
빛의 속도를 측정했을까?

우리는 빛의 속도를 느낄 수 없습니다. 방 안의 조명을 생각해보죠. 우리가 조명을 켜면 스위치를 누르는 동시에 방 안에 있는 모든 물체에 빛이 전해지는 것처럼 보이죠. 하지만 그렇지 않습니다. 우리는 절대 볼 수 없는 속도로 빛은 퍼지죠.

빛의 속도는 진공 속에서 299,792,458m/s입니다. 이는 지구를 약 0.13초에 1바퀴씩, 1초에 약 7.7바퀴씩 돌 수 있는 속도죠. 정말 말도 안 되는 속도를 가지고 있는 거죠. 우리가 방 안에 불을 켰을 때 모든 것이 동시에 일어나는 것처럼 보이는 이유도 여기에 있습니다. 그렇다면 우리는 이렇게 말도 안 되는 빛의 속도를 어떻게 측정했을까요?

아주 오래전 빛의 속도가 측정되기 전까지 우리는 빛의 속도가 무한하다고 생각했습니다. 그래서 아주 멀리 있는 천체도 항상 현재의 상태를 보여준다고 믿었죠. 빛은 우리의 눈으로 절대 쫓을 수 없는 속도를 가졌기에 우리가 빛의 속도에 대해서 모른다면 빛은 정말 무한한 속도를 가지고 있는 것처럼 보이게 될 겁니다.

역사상 처음으로 빛의 속도를 측정했던 사람은 갈릴레오 갈릴레이Galileo Galilei였습니다. 그는 빛의 속도가 유한하다고 생각했고 실제로 실험도 진행했죠. 갈릴레오가 빛의 속도를 측정했던 실험은 굉장히 직관적이고 단순했습니다. 멀리 떨어져 있는 산봉우리 A와 B에 각각 램프를 설치합니다. 그리고 램프 위에 천을 씌워서 서로 빛을 보지 못하게 한 뒤 봉우리 A에 있는 사람

이 천을 걷어 램프의 빛을 보내면 이 빛을 보고 산봉우리 B에 있는 사람도 램프의 천을 벗겨 신호를 보내는 방식으로 실험을 진행했습니다.

만약 빛이 유한한 속도를 가진다면 램프 A의 빛이 램프 B에 닿는 데 시간이 걸릴 것이고, 이 시간은 램프 B가 천을 걷어내는 시간으로 나타나게 될 거라고 판단했죠. 하지만 갈릴레오의 실험은 실패로 끝납니다. 아무리 계산해도 빛의 속도가 무한하다는 결론밖에 나오지 않았던 겁니다.

물론 이 실험을 보면 램프의 천을 벗기고 신호를 보내는 일을 하는 게 '사람'이기 때문에 실험 자체가 과학적이지 않다고 생각할 수 있습니다. 하지만 갈릴레오는 신호를 보내는 사람들이 천을 벗기는 행위를 하는 시간까지 염두에 두고 실험했죠. 실험이 실패한 근본적인 이유는 빛의 속도가 너무나 빨랐기 때문입니다.

앞서 말한 것처럼 빛의 속도는 299,792,458m/s입니다. 산봉우리 A와 B의 거리가 4km라고 가정하면, 빛이 A에서 출발해 B에 닿는 데까지는 약 0.000013초밖에 걸리지 않죠. 동시라고 해도 무방할 정도로 아주 짧은 시간입니다.

이후 빛의 속도를 측정하려고 했던 사람은 덴마크 천문학자 올레 뢰머Ole Christensen Rømer 였습니다. 뢰머는 갈릴레오와 달리 우주에 있는 천체를 이용해 빛의 속도를 계산했는데요. 목성의 위성 중 하나인 이오Io가 목성의 그림자에 의해 가려지는 현상을 이용해 광속을 측정했죠. 지구에서 이오의 식을 관측하면 지구와 목성이 가까워졌을 땐 이오의 식이 짧게 나타나고, 지구와 목성이 멀어지면 이오의 식 현상이 길어지게 되는데요. 이를 이용해 광속을 측정한 겁니다. 그런데 뭔가 이상하죠? 이오의 식이 길고 짧은 것과 빛의 속도는 어떤 연관이 있길래 이걸로 빛의 속도를 계산한 걸까요?

여기 사람 A와 B가 있다고 가정하고, 두 사람이 공을 서로 주고받는다고 가정해보죠. 첫 번째 공을 받는 데 10초가 걸렸고, 두 번째 공은 이보다 조금 더 먼 거리에서 주고받아 15초가 걸렸다고 하면, 두 사람이 서로 공을 주고받은 시간 차이와 두 사람의 거리를 통해 공의 속도를 알 수 있습니다. 단순하게 처음 공을 주고받은 거리가 10m고, 두 번째 공은 이보다 조금 먼 거리에서 주고받아 20초가 걸렸다면 공의 속도는 10m를 10초 만에 날아갔으므로 1m/s라는 걸 알 수 있습니다.

이오의 식 현상을 이용해 빛의 속도를 구하는 것도 이와 같죠. 지구와 목성이 가까워졌을 때를 첫 번째 공을 주고받는 중이라고 생각하고, 목성과 지구가 멀어졌을 때를 두 번째 공을 주고받는 것이라고 가정합니다. 그러면 목성과 지구 사이의 거리를 이용해 공의 속도를 구한 것처럼 빛의 속도도 구할 수 있죠.

올레 뢰머는 이오의 식 현상을 이용해 광속을 구하려고 했

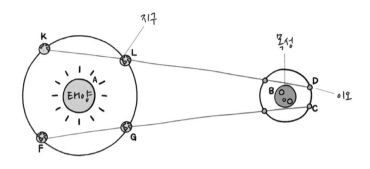

습니다. A는 태양, B는 목성, K, L, F, G는 지구의 위치, C와 D는 이오의 위치로 지구가 L, G 위치에 있을 땐 목성과 거리가 가까우므로 이오의 식 현상이 짧아지고, K, F 위치에 있을 땐 지구와 목성 사이의 거리가 멀어 이오의 식 현상이 길어집니다. 지구는 매 순간 태양을 공전하므로 지구의 위치는 L에서 K로 움직이게 되고요. 다시 F에서 G로 움직입니다. 그리고 이오가 지구에 던지는 첫 번째 공은 이오의 식이 시작되는 순간이라고 하고 이오의 식이 끝나는 순간을 두 번째 공이라고 한다면, 지구가 L에서 K로 움직이는, 이오의 식 현상이 일어나는 시간을 재는 것은 첫 번째 공을 받은 시간이 됩니다.

이때 지구는 목성과 가까워지며 식 현상을 관측하므로 이오의 식 현상이 유지되는 시간이 짧아지고, 다시 지구가 F에서 G로 목성과 가까워질 때 이오의 식 현상이 유지되는 시간을 측정하면 이 시간은 L에서 K로 움직이며 측정했던 시간보다 더 길어집니다. 그래서 지구가 L에서 K로 움직이는 이오의 식 현상이 유지되는 '시간'과 F에서 G로 움직이는 이오의 식 현상이 유지되는 '시간의 차이', 그리고 목성과 지구의 '거리'를 이용하면 빛의 속도를 구할 수 있게 되죠.

뢰머는 이를 이용해 2시간 차이가 22분이라는 것을 계산해 냈고, 이 시간과 지구, 목성 사이의 거리를 이용해 빛의 속도가 초속 약 212,000,000m라는 것을 밝혀냈습니다. 이는 현재 우리가 알고 있는 빛의 속도와 거의 비슷한 수치로 오차율이 26%밖에 되지 않을 정도로 정확한 값이죠. 이 결과로 뢰머는 빛이 유한한 속도를 가졌다고 결론 내릴 수 있었고, 지금까지 빛의 속도를 알아내는 데 최초로 성공한 사람으로 불립니다. 비록 당시 천문학이 지금처럼 정확하지 않았기 때문에 속도의 수치가 정확하지는 않지만, 측정 결과를 도출해낸 것만으로도 실로 대단한 일을 했다고 볼 수 있죠.

이후 광속을 측정한 사람은 미국의 물리학자 앨버트 에이브러햄 마이컬슨Albert Abraham Michelson 입니다. 마이컬슨은 회전 거울을 이용해 광속을 측정하는 실험을 진행했는데요. 단순하게 빛이 특정한 두 지점을 왔다 갔다 왕복하는 시간을 이용하여 광속을 측정했습니다.

윌슨 산에 있는 회전 거울에 빛을 쏴 거울에 반사된 빛이 샌 안토니오 산에 있는 고정된 거울에 닿도록 설치한 다음, 윌슨 산에서 출발한 빛이 샌 안토니오 산의 거울에 반사되고 다시 윌슨 산에 있는 거울에 돌아오는 시간을 계산한 거죠. 단순하죠? 이 실험은 굉장히 정교하게 진행됐습니다. 기후를 고려했고, 회전 거울도 정팔각형, 정십이각형 등 다양한 모양을 이용해 광속을 측정했죠.

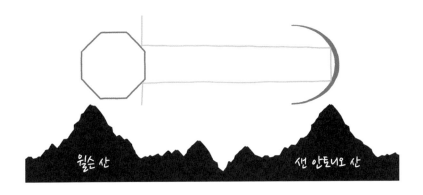

마이컬슨은 이 실험으로 미국인으로는 처음 노벨물리학상을 수상하기도 했습니다. 또한 이 실험 결과는 어떤 방향으로든 움직이는 물체에서 관측한 광속도는 언제나 일정하다는 '광속 불변의 법칙'의 발견으로 이어졌고, 이후 아인슈타인의 특수 상대성 이론의 기반이 되기도 합니다.

마이컬슨은 이 실험을 통해 빛이 산을 왕복하는 데 약 0.00023초가 걸린다는 것을 알아냈고, 산 사이의 거리가 35km인 것을 이용하여 빛이 초속 304,347,826m의 속도를 가진다는 것을 계산했습니다. 물론 이 값은 마이컬슨 실험의 결론은 아니고 단순히 계산한 값입니다. 실제 마이컬슨은 많은 변수와 600번 이상의 실험을 통해 빛의 속도가 299,796,000±4m/s라고 결론을 내렸죠. 현재 우리가 알고 있는 빛의 속도와 거의 비슷하긴 하지만 정확한 속도값은 아닙니다. 그런데 여기까지 보니 뭔가 이상하죠? 이 실험에서도 정확한 빛의 속도가 측정되지 않았다면, 정확한 빛의 속도는 도대체 언제 측정했을까요?

　　사실 우리가 알고 있는 광속은 측정된 값이 아니라 정의된 값입니다. 1960년대 때 1m는 진공 속 Kripton-86 원자의 적색 스펙트럼 파장의 1,650,763.73배라고 정의했는데요. 이 값에는 심각한 문제가 있었습니다. Kripton-86 원자의 적색 스펙트럼이 항상 일정하지 않았다는 거죠. 실험을 할 때마다 1m의 길이가 달라졌기 때문입니다. 이런 상황이 계속되자 1973년 국제 도량협회에서는 진공 상태에서 빛이 가지는 속도를 299,792,458m/s라고 규정했습니다. 1m의 정의가 정확하지 않았던 것과 빛의 속도가 실험마다 달라지던 것을 정리하기 위해 빛의 속도를 임의로 정한 거죠. 그리고 이를 통해 1m를 빛이 진공 속에서 1/299,792,458초 0.000000003335641초 동안 움직인 거리를 1m로 정의하며 혼란이 정리되었죠. 따라서 지금 우리가 알고 있는 빛의 속도는 정확히 측정된 값이 아닌 우리가 정한 값입니다.

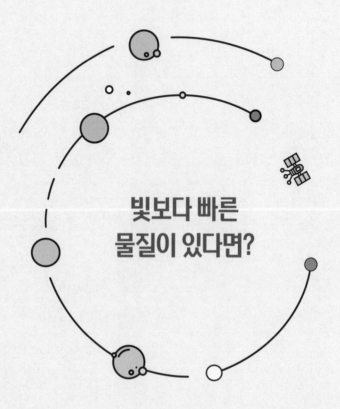

빛보다 빠른
물질이 있다면?

아인슈타인에게 2011년은 악몽과도 같았을 겁니다. 왜냐하면 빛보다 빠른 물질이 발견됐다는 실험 결과가 나왔기 때문이죠. 이는 상대성 이론이 틀렸다는 증거이기도 했습니다.

아인슈타인의 상대성 이론은 양자 역학과 함께 현대 물리학의 축을 이루는 중요한 이론인데요. 상대성 이론의 핵심은 빛의 속도가 항상 일정하고, 이를 통해 질량이 있는 물질은 빛의 속도를 넘을 수 없다는 것입니다. 그래서 아인슈타인은 빛의 속도를 '우주의 제한 속도'라고 불렀죠. 그런데 빛보다 빠른 물질이 발견되었다는 건 상대성 이론이 틀렸다는 것이고, 그동안 상대성 이론으로 설명됐던 자연 현상들이 모두 틀렸다는 것을 의미하죠. 빛보다 빠른 물질의 발견은 단순히 아인슈타인의 상대성 이론이 틀렸다는 것을 넘어서 우리가 지금까지 생각했던 세상 전체가 틀렸다고 하는 것과 다르지 않았습니다.

2011년 9월과 11월, 스위스 유럽입자물리연구소CERN는 중성미자의 속도가 빛보다 빠르다는 실험 결과를 발표했습니다. 9월 처음 결과가 발표되었을 때는 크게 주목받지 못했지만, 11월에 발표된 실험 결과는 많은 사람의 주목을 받게 되었습니다. 물론 과학계에서는 여전히 실험 결과를 신뢰하지 못했죠. 오히려 실험에 오류가 있는 것이 아니냐는 의심을 받았습니다. 그렇다면 중성미자가 도대체 무엇이기에 빛의 속도를 넘어선 걸까요? 그리고 과학계에서는 왜 인정받지 못한 걸까요?

중성미자를 이해하려면 먼저 물질이 무엇으로 이루어져 있는지부터 봐야 합니다. 우리는 오래전부터 물질이 무엇으로 이루어져 있는지에 대한 질문을 던져왔는데요. 고대 그리스의 철학자 탈레스Thales 는 만물이 물로 이루어져 있다고 했고, 엠페도클레스Empedocles 는 물, 불, 흙, 공기로 만물이 구성되어 있다고 했습니다. 하지만 이후 시간이 흘러 인류의 과학 기술이 발전하면서, 마침내 미국의 물리학자 리처드 필립스 파인만Richard Phillips Feynman 에 의해 우주의 모든 물질이 '원자'로 이뤄져 있다는 결론을 얻을 수 있었죠.

우주의 모든 것이 원자로 이루어져 있다는 건, 우주의 모든 물질이 완벽하게 동일한 것으로 이루어져 있다는 뜻인데요. 예를 들어, 공장에서 머그컵 150개를 실수 없이 정밀하게 찍어냈다 하더라도 150개가 모두 완벽하게 똑같지는 않습니다. 어떤 머그컵은 칠이 벗겨져 있을 수 있고, 또 어떤 머그컵은 조금 더 가벼울 수도 있거든요. 아무리 노력해도 완벽하게 똑같이 만들 수 없다는 거예요.

하지만 원자는 다릅니다. 원자가 같다는 말은 원자를 구성하고 있는 양성자와 중성자, 전자가 모두 완벽하게 같다는 뜻입

니다. 그저 양성자와 중성자, 전자가 어떻게 조합하느냐에 따라 서로 다른 특징을 가질 뿐이죠. 사람과 태양, 다른 생명체들도 모두 마찬가지입니다. 이 모든 걸 구성하는 양성자와 중성자, 전자는 모두 똑같습니다. 다만 어떻게 조합했느냐의 차이만 있을 뿐이죠. 사람도 모두 원자로 이루어져 있고, 구성 물질도 모두 동일하지만 조합의 차이로 조금씩 다른 생김새와 형태를 가지게 된 거죠. 그리고 중성미자는 이 안에 숨어 있습니다.

원자는 원자핵과 전자로, 원자핵은 양성자와 중성자로 이루어져 있습니다. 양성자와 중성자는 다시 업쿼크와 다운쿼크로 이루어져 있죠. 바로 이 '쿼크'를 기본 입자라고 부르는데요. 기본 입자는 업쿼크와 다운쿼크 말고도 참쿼크, 스트레인지쿼크, 탑쿼크, 보텀쿼크가 존재합니다. 기본 입자 중 경입자라고 불리는 친구들로는 전자, 뮤온, 타우, 전자중성미자, 뮤온중성미자,

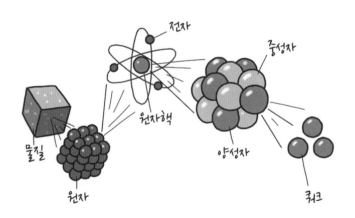

타우중성미자가 있습니다. 그리고 이 경입자들 가운데 전자중성미자와 뮤온중성미자, 타우중성미자가 중성미자 또는 'Neutrino'라고 불리는 것들입니다.

중성미자들은 중성자가 베타 붕괴를 일으킬 때 양성자와 같이 나오는데요. 베타 붕괴는 중성자가 양성자로 양성자가 중성자로 붕괴되는 현상을 말합니다. 중성자가 양성자로 붕괴할 땐 '음의 베타 붕괴', 양성자가 중성자로 변할 땐 '양의 베타 붕괴'라고 하죠. 단순하게 중성미자는 원자핵의 베타 붕괴 과정에서 나오는 기본 입자인 겁니다.

하지만 이런 중성미자를 관측하는 것은 쉽지 않은데요. 중성미자는 전기적으로 중성을 띄고 있는 기본 입자로 강력과 전자기력에는 전혀 반응하지 않고 오로지 약력에만 반응하는 까다로운 친구입니다. 또 질량이 0에 가까우면서 빛과 비슷한 속도로 움직이고 있어서 유령 입자라는 별명도 가지고 있습니다. 그리고 이 부분이 중성미자가 빛의 속도를 넘어설 수 없는 부분이기도 합니다.

상대성 이론에 따라 질량이 있는 물체를 계속해서 가속시키면 물체의 속도가 빛의 속도에 가까워질수록 무거워지는데요. 물체를 더 빠른 속도로 가속시키기 위해서는 더 많은 에너지가 들게 됩니다. 이 과정을 반복하면 물체의 질량은 무한대로 늘어날 것이고, 이때 쓰이는 에너지도 무한대로 늘어날 것입니다. 그래서 질량이 있는 물체는 빛의 속도를 넘어설 수 없습니다. 현실에는 '무한대'라는 숫자는 존재하지 않기 때문이죠.

중성미자도 마찬가지입니다. 중성미자의 질량은 0에 가깝지만, 완전한 0은 아니기 때문에 빛의 속도를 넘을 수 없죠. 중성미자가 빛의 속도를 넘어섰다는 결과에 과학계의 반응이 싸늘했던 이유가 바로 이 때문입니다. 그렇다면 CERN에서는 어떤 일이 일어났기에 중성미자가 빛의 속도를 넘어섰다고 한 걸까요?

CERN이 진행한 실험에서 사용된 중성미자는 뮤온중성미자였습니다. 이들은 스위스 제네바 입자가속기에서 2개의 양성자를 충돌시켜 베타 붕괴를 일으켰고, 여기서 방출된 뮤온중성미자를 730km 거리에 있는 이탈리아 그란사소 입자가속기로 보내는 실험을 진행했습니다. 그리고 스위스와 이탈리아에 중성미자의 속도를 1억 분의 1초, 10ns 단위로 측정할 수 있는 세슘 원자시계를 각각 설치해서 시간을 측정했고, GPS를 이용해 중성미자의 위치를 확인했습니다. 결과적으로 중성미자가 730km를 이동하는 데 0.00243초가 걸린다는 결과를 얻어냈죠. 이는 중성미자가 빛보다 60ns나 더 빨리 움직인다는 걸 의미합니다. 빛과 중성미자가 달리기 시합을 한다면 중성미자가 빛보다 18m 더 빠르게 결승점을 통과할 수 있다는 뜻이죠.

하지만 이런 엄청난 결과에도 과학계는 이를 받아들이지 않았는데요. 앞서 이야기한 것처럼 중성미자가 빛의 속도를 넘어설 수 없다는 이유도 있지만, 공교롭게도 CERN에서 중성미자의 속도를 측정했을 때만 중성미자가 빛의 속도를 넘어섰기 때문이죠. 그러니까 다른 곳에서 이뤄진 실험에서는 모두 중성미자가 빛의 속도를 넘어서지 못했다는 거죠. 그렇다면 둘 중 어떤 실험 결과가 정확한 걸까요?

CERN에서도 이상함을 느꼈는지 세 번째 실험을 진행하기에 앞서 실험에 사용된 기기를 모두 점검했습니다. 그리고 이 실험 결과는 허무하게 결론이 났죠. 점검 결과 케이블과 검출기 컴퓨터 사이의 케이블이 느슨하게 연결된 게 발견된 겁니다. 그래서 세 번째 실험 전에 케이블을 다시 연결했고, 중성미자가 빛의 속도를 넘어서지 못하는 결과를 내면서 허무하게 CERN의 실험이 오류로 끝나게 되죠. 허무한 해프닝처럼 여겨지지만 이 측정이 아예 의미가 없던 건 아닙니다.

현대 물리학에서 상대성 이론을 부정하는 경우는 거의 없는데요. 이는 과학 정신에 위배되는 일처럼 여겨집니다. 왜냐하면 모든 걸 의심하고 밝혀내는 것이 과학인데, 상대성 이론을 의심할 수 없다면 거대한 장벽에 막혀 앞으로 더 나아가기 어렵기 때문이죠. CERN의 실험은 케이블 사고이긴 했지만, 우리에게 아인슈타인을 의심해볼 수 있는 방아쇠 역할을 했습니다. 모든 발전은 의심으로부터 시작되죠. 지금까지 완벽하다고 생각했던 것들을 하나씩 의심하다 보면 과학이 더 발전하게 되지 않을까요.

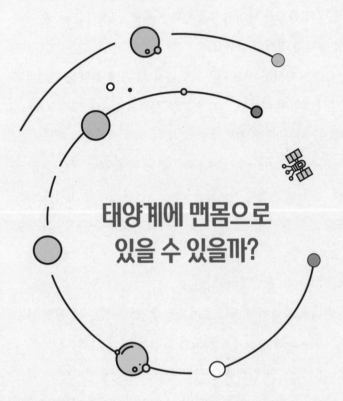

태양계에 맨몸으로
있을 수 있을까?

저는 잠이 오지 않으면 커다란 고래가 되어 우주를 자유롭게 떠도는 상상을 합니다. 중력이 없는 우주 공간에서 저항 없이 떠 있는 상상을 하면 어느새 마음은 편안해지고 몸도 나른해집니다.

　아마 여러분도 저와 비슷한 상상을 해보신 적이 있을 겁니다. 우주를 마음껏 여행하는 상상이요. 그렇다면 정말 우리가 태양계 행성에 맨몸으로 여행할 수 있을까요? 지금부터 실제로 우주여행을 떠나보려고 합니다. 무거운 우주복은 잠시 내려놓

고, 맨몸으로 말이죠. 자, 가볼까요?

맨몸으로 우주여행을 하면 우리가 가장 처음 느끼는 감각은 호흡 곤란입니다. 우주에는 산소를 포함한 대기가 존재하지 않기 때문에 우리는 당연히 숨을 쉴 수 없죠. 이후 우리가 겪게 될 일은 극심한 추위입니다. 이는 우주의 압력 때문입니다. 사실 우주는 진공 상태이므로 온도를 전달해줄 매개체가 없어서 온도가 낮든 높든 실제로 온도를 느낄 수는 없습니다. 하지만 압력은 0이므로 몸의 수분, 즉 혈액과 침 등은 끓어오르죠. 산에서 밥을 지을 때와 같은 원리인데요. 아주 높은 산에서는 대기압이 낮아 끓는점이 낮죠. 평소 대기압은 물 분자들을 눌러 쉽게 활동할 수 없게 만드는데요. 물이 끓는 건 물 분자가 열을 받아 활발히 움직이는 것입니다. 압력이 높은 곳에서는 물 분자들이 압력에 눌려 끓는점이 높아지고, 압력이 낮은 곳에서는 물 분자를 잡아줄 만한 힘이 약하므로 끓는점이 낮아집니다. 그래서 높은 산에서 밥을 지으면 낮은 온도에 물이 끓어 밥이 설익죠.

우주에서도 마찬가지입니다. 우주에는 압력이 존재하지 않기 때문에 끓는점이 낮아져 가만히 있어도 침과 혈액이 끓고, 그러면서 체온을 빼앗아 가죠. 그래서 우주 공간에 맨몸으로 있으면 극심한 추위를 느끼게 되고, 수분이 모두 날아가 몸에 가뭄이 일어난 것처럼 말라비틀어지며 얼어붙습니다. 마치 미라와 같은 모습이 될 겁니다.

다른 곳도 가볼까요? 우리가 지금 와 있는 곳은 태양 앞입니다. 태양의 표면 온도는 약 5,500℃로 지구에 있는 물질 중 태양의 높은 온도를 견딜 수 있는 물질은 존재하지 않습니다. 탄소의 경우 자연 물질 중 녹는점이 가장 높은 편에 속하는데, 탄소도 약 3,675℃에서 녹죠. 즉 자연 물질 중 태양의 높은 온도를 견딜 수 있는 것은 없습니다. 이렇게 뜨거운 온도 앞에서 우리 몸은 어떻게 될까요?

너무 뜨겁…

결론부터 이야기하면, 태양 앞에 선 순간 우리가 바로 증발해서 사라질 겁니다. 몸에서 가장 단단한 부위인 뼈는 칼슘으로 이루어져 있습니다. 칼슘은 섭씨 842℃에서 녹기 시작하고, 섭씨 1,484℃가 되면 끓기 시작합니다. 그래서 우리가 태양 앞에

서면 순식간에 증발하죠. 몸이 증발하기 전에 빨리 다른 행성으로 가볼까요?

지금 우리가 있는 곳은 태양계에서 태양과 가장 가까운 행성인 수성입니다. 수성의 표면 평균 온도는 섭씨 179℃로 -183~427℃를 오르락내리락하죠. 우리가 수성의 표면에 서 있으면 높은 온도 때문에 곧 죽게 됩니다. 하지만 몸이 타들어 가는 느낌은 느낄 수 없을 거예요. 왜냐하면 수성에는 대기가 존재하지 않기 때문이죠. 수성에 맨몸으로 발을 들이는 순간 우리는 약 20초만에 산소 부족으로 정신을 잃게 될 겁니다. 뜨거운 열기를 느끼고 난 뒤 바로 정신은 아득해지고, 정신을 잃은 후 몸은 타들어 갈 겁니다. 우리가 맨몸으로 여행할 수 있는 행성은 정말 없나요? 또 다른 행성은 어떨까요?

금성은 우리가 맨눈으로 볼 수 있는 행성 중 하나입니다. 태양의 빛을 잘 반사하기 때문에 밤하늘에서 금방 찾을 수 있죠. 위치가 궁금하시겠지만, 금성은 태양 주변을 공전하는 행성으로 고정된 위치가 없습니다. 항상 돌아다니는 친구죠. 하지만 맨눈으로 관측 가능할 정도로 밝아서 금성도 우리가 맨몸으로 있기에는 가혹한 환경을 가지고 있습니다.

금성의 표면 온도는 평균 섭씨 467℃에 이산화탄소로 이루어진 대기를 가지고 있는데요. 여기서 뭔가 하나 생각나는 게 있죠. 바로 온실효과입니다. 온실효과란 태양열이 지구로 들어와

빠져나가지 못하는 효과를 이야기하는데요. 단순하게 태양열을 행성의 표면에 붙잡아두는 효과라고 생각하시면 됩니다. 그래서 금성의 표면 온도는 심하게 오르락내리락하지 않고요. 태양과 가까운 수성보다 더 높은 온도를 가지게 됩니다. 그리고 높은 온도로 인해 여기에서도 우리는 바짝 익어버리죠. 또 금성은 아주 두꺼운 대기를 가지고 있어서 지구보다 약 93배 정도 높은 대기압을 가지고 있습니다. 이는 수심 920m 아래에 있는 것과 비슷한 압력이죠. 그래서 우리가 금성의 표면에 맨몸으로 있는 즉시 뜨거운 온도와 함께 엄청난 가슴 통증을 느끼게 될 겁니다. 강한 대기압에 의해 쪼그라들거든요.

그렇다면 지구의 친구 화성은 어떨까요? 화성은 또 다른 지구라고도 불리며 실제로 화성에 식민지를 계획할 정도니까 다른 행성들보다 조금 더 우리를 따뜻하게 맞아주지 않을까요? 아쉽지만 화성도 우리를 환영해주지 않을 겁니다. 화성의 표면 온도는 -140℃에서 20℃로 수성과 금성만큼은 아니지만, 우리가 맨몸으로 있기는 힘든 곳입니다. 또 화성에도 대기가 거의 존재하지 않기 때문에 호흡할 수 없죠.

그럼 이제 가스로 이루어진 목성형 행성을 향해 나가보죠. 가스형 행성인 목성과 토성, 천왕성, 해왕성의 경우 우리가 딛고 있을 땅이 존재하지 않습니다. 단순하게 구름 위에 떨어지는 것과 같을 겁니다. 그래서 가스형 행성에 도착한 우리는 행성의 중심을 향해 끝없이 떨어지게 됩니다.

목성은 아름다운 모습과는 달리 자체적으로 강력한 방사능을 뿜어내는 행성으로 목성에 다가가는 것만으로도 방사능에 의해 죽음을 맞이하게 되죠. 불에 타는 것과 비슷합니다. 방사능이 세포의 원자를 때려 세포를 파괴하므로 세포 하나하나가 모두 죽음을 맞이하게 되는 거죠.

다른 가스형 행성들은 어떨까요? 다른 가스형 행성도 크게 다르지 않습니다. 가스로 이루어진 토성과 천왕성, 해왕성도 목성과 같이 행성의 중심으로 들어가 납작하게 눌릴 겁니다.

이처럼 우리는 지구를 제외한 어떤 행성에서도 맨몸으로 살아남을 수 없습니다. 지구처럼 암석으로 이루어진 수성, 금성, 화성에서는 혹독한 온도와 숨을 쉴 수 없는 대기 때문에 버틸 수 없고, 가스로 이루어진 행성인 목성과 토성, 천왕성, 해왕성에서는 끝없이 아래로 추락해 죽음을 맞이하게 됩니다. 미국의 천문학자 칼 에드워드 세이건Carl Edward Sagan 의 말처럼 창백한 푸른 점인 지구만큼 우리에게 소중한 곳은 없는 거죠.

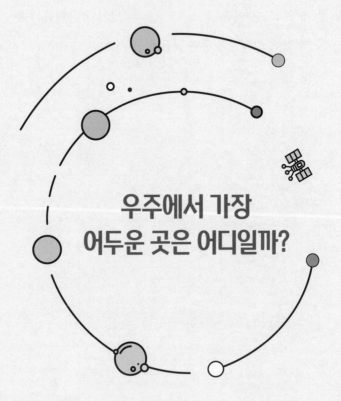

우주에서 가장
어두운 곳은 어디일까?

세상에 혼자 남게 된다면 어떤 느낌일까요? 이 느낌을 실제로 받아볼 수 있는 곳이 있습니다. 바로 바다 한가운데죠. 배를 타고 아주 멀리까지 나가보세요. 주변의 익숙한 풍경들과 멀어지고, 하늘에는 새 한 마리 없고, 바닷속에도 물고기 한 마리 보이지 않는다면 마치 지구상에 나 혼자 있는 것과 같은 느낌을 받을 수 있죠.

우주에도 이런 곳이 존재합니다. 텅 비어 있어 아무것도 존재하지 않는 외로운 공간, 거시 공동 '보이드void'라고 불리는 공간입니다.

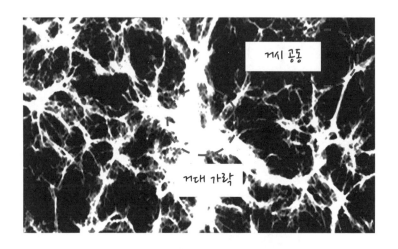

'우주의 거미줄cosmic web'이라고 불리는 이 구조는 우주를 아주 멀리서 보았을 때 확인할 수 있는 우주의 모습입니다. 마치 거미줄이 마구 엉켜 있는 것처럼 보이죠. 여기서 밝은 부분은 거대 가락이라고 불리는 구역으로 수많은 천체가 모여 있는 도시 같은 곳입니다. 천체가 분포된 모양이 기다란 끈처럼 보여서 붙은 이름입니다.

거대 가락에는 수많은 은하가 모여 있는데요. 거대 가락을 작은 순서대로 나눠보면 약 40개 이하의 은하가 모여 있는 은하군과 40개 이상의 은하가 모여 있는 은하단, 그리고 이 은하군과 은하단이 모여 있는 초은하단으로 나눌 수 있습니다.

지구는 처녀자리 초은하단^{국부 초은하단}의 국부 은하군에 속해 있죠. 밝은 구역과는 반대로 어두운 구역을 거시 공동이라고 부르는데요. 거대 가락과 비교했을 때 상대적으로 너무 어두운 탓에 이 구역에는 천체나 물질이 아예 없을 거라고 생각할 수 있지만, 그렇지 않습니다. 단지 특정 천체가 없거나 그 공간이 빛을 내지 않는 암흑 물질로 채워져 있을 뿐이죠. 이곳에도 천체들이 모여 있고, 은하군과 은하단도 존재합니다. 밝은 부분과 비교해 상대적으로 천체의 밀도가 낮은 곳일 뿐 완벽히 텅 비어 있는 곳은 아니라는 거죠.

보이드는 보통 3천만 광년에서 3억 광년의 크기를 가지는데요. 3억 광년 정도의 크기를 가지는 거대한 보이드는 '슈퍼 보이드'라고 부릅니다. 이곳은 앞서 이야기했듯이 천체의 밀도가 굉장히 낮은데요. 거대 가락과 보이드를 비교하면 보이드의 밀도는 1/10 정도밖에 되지 않습니다. 이런 구역들은 어떻게 생기게 되는 걸까요?

우주를 전체적으로 보면 우주는 대체로 균일하지만 완벽하게 균일한 공간은 아닙니다. 우주에는 약 1/100,000 정도의 비균일성이 존재하는데요. 비균일성으로 인해 물질이 조금 더 모인 곳에서는 중력에 의해 물질들이 더 모여서 천체들이 만들어졌고, 물질들이 적게 모여 있는 곳에서는 상대적으로 천체들이 덜 만들어졌죠. 그리고 시간이 흐름에 따라 마치 풍선 위에 찍혀 있는 글씨가 풍선이 부풀면 같이 커지는 것처럼 보이드의 크기도 우주의 팽창과 함께 거대해졌습니다. 사실 여기까지만 보면 보이드가 엄청 남다르거나 특별해 보이지는 않을 겁니다. 그저 천체의 밀도가 낮을 곳일 뿐 어떤 의미가 있거나 특징은 보이지 않죠. 하지만 보이드는 우리에게만은 엄청난 의미를 가집니다.

에드윈 허블에 의해 우주의 팽창이 발견되며 자연스럽게 우리는 허블 상수라는 우주의 팽창률도 구할 수 있게 되었죠. 현재 교과서에 나와 있는 허블 상수는 71km/s/Mpc인데요. 이는 1Mpc의 거리에 있는 은하의 후퇴 속도가 71km/s라는 뜻입니다. 즉 어떤 은하가 1Mpc만큼 멀어지면 은하의 후퇴 속도도 늘어난 거리만큼 더 빨라진다는 거죠. 예를 들어, 어떤 은하가 2Mpc의 거리에 있다면, 이 은하의 후퇴 속도는 142km/s가 됩니다. 하지만 허블 상수는 사실 아직 정확한 값이 나오지 않았습니다. 허블 상수를 구하긴 했지만 이 허블 상수를 통일하지 못했다고 보는 게 더 정확하죠.

허블 상수를 구하는 대표적인 방법으로 두 가지가 있습니다. 표준 촛대를 이용하는 방법과 우주 배경 복사를 이용하는 방법입니다. 2개의 당구공이 서로 부딪혀서 멀어지고 있다고 가정해보겠습니다. 마치 2개의 은하가 서로 멀어지는 것처럼 당구

표준 촛대 : 멀어지는 당구공을 당구공이 본다.

우주 배경 복사 : 당구대 그 자체를 본다.

공이 멀어지고 있는 거죠. 표준 촛대를 이용하는 방법은 당구공의 입장에서 멀어지는 당구공을 보는 것과 같습니다. 우리 은하를 기준으로 멀어지는 다른 은하를 관측해 허블 상수를 구하는 방법이죠.

우주 배경 복사를 이용하는 방법은 당구공을 당구대 위에서 바라보는 것과 같습니다. 전체적으로 당구공이 어떻게 움직이고 있는지를 관측해 상수를 구하는 방법이죠. 그런데 두 가지 방법으로 구한 허블 상수 값은 항상 다릅니다. 표준 촛대를 이용해 구한 허블 상수는 71.5~75km/s/Mpc이고 우주 배경 복사를 이용한 허블 상수는 66.3~67.6km/s/Mpc이죠. 이는 두 허블 상수 중 하나가 틀렸거나 아니면 두 허블 상수 모두 틀렸다는 걸 의미합니다. 그리고 여기에서 보이드가 필요합니다.

2013년 우리 은하가 보이드 끝자락에 있을 가능성이 있다는 논문이 발표되었는데요. 이 보이드는 'KBC 공동'이라고 불립니다. 우리 은하가 속한 국부 은하군이 처녀자리 초은하단의 끝자락에 있어서 보이드와 아주 가까운 곳에 있을 수 있다는 게 논문의 핵심이죠. 그리고 우리가 보이드와 가깝게 있다면, 우리에게서 멀어지는 은하의 속도도 변하게 됩니다.

보이드에는 천체가 거의 존재하지 않으므로 우리가 사용하는 표준 촛대들의 이동 속도가 달라질 수 있습니다. 은하가 이동하는 건 우주의 팽창 때문인데요. 우주의 팽창 속도는 항상 같지 않습니다. 천체가 많이 모여 있는 중력이 큰 구역에서는 팽창 속도가 조금 느려질 수 있고요. 천체가 거의 없는 보이드에서는 상대적으로 팽창 속도가 빨라질 수 있습니다. 그리고 이로 인해 팽창 속도가 달라진다면 당연히 표준 촛대를 이용해 허블 상수를 측정할 때도 속도의 차이가 영향을 미치고, 이 차이가 허블 상수에 영향을 줄 겁니다.

그래서 만약 우리가 보이드와 가까운 곳에 있다면 허블 상수의 불일치에 대한 근거를 이것으로 설명할 수 있게 되죠. 표준 촛대를 이용해 측정한 허블 상수가 틀렸으니 우주 배경 복사를 이용해서 구한 허블 상수를 인정해주면 되는 겁니다. 간단하죠. 그래서 보이드가 우리에게만은 큰 의미가 있는 겁니다. 물론 이 내용은 그저 추측일 뿐 실제로 우리가 처녀자리 초은하단의 끝에 있는지, 또 보이드가 정말 우주의 팽창 속도에 영향을 주는지는 정확하게 밝혀지지 않았습니다. 그저 보이드가 영향을 미칠 수 있다는 정도로 결론 내릴 수 있죠.

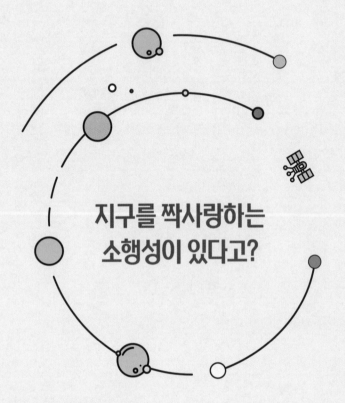

지구를 짝사랑하는
소행성이 있다고?

오랜 전부터 우주를 너무나 사랑한 천체가 있습니다. 안타깝게도 혼자 하는 사랑, 짝사랑 중이죠. 오랫동안 지구를 사랑해왔지만 지난 100년간 누구에게도 발견되지 않고 몰래 지구를 공전하고 있는 천체 2016HO3, 소행성 '469219'가 그 주인공입니다.

소행성 469219의 발견은 사실 우리에게 엄청난 의미가 있습니다. 바로 지구의 두 번째 달이 생길 수 있다는 걸 의미하기

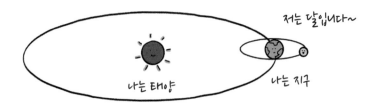

저는 달입니다~

나는 태양

나는 지구

때문이죠. 지구는 지금까지 달 이외에 다른 위성을 가져본 적이 없습니다. 그래서 지구에 두 번째 달이 생긴다는 것은 인류 역사에 남을 만큼 위대한 발견이라고 할 수 있습니다. 그리고 이는 우리가 조금 더 천문학에 관심을 가질 수 있는 계기를 만들어줄 겁니다.

밤하늘을 보며 저기 어딘가에 지구의 위성이 하나 더 있다는 상상만으로도 많은 사람이 밤하늘을 올려다볼 테니까요. 하지만 이상하게도 이런 소식은 우리에게 알려지지 않았습니다. 아마 이 책을 보는 여러분들도 소행성 469219의 존재를 몰랐을 거예요. 그렇다면 이런 위대한 발견을 왜 우리는 모르고 있는 걸까요?

언제나 그렇듯 이유는 단순합니다. 소행성 469219가 정식 위성으로 인정되지 않았기 때문입니다. 소행성의 궤도를 확인

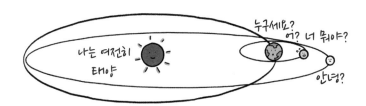

한 결과 이 천체는 사실 지구의 중력보다는 태양의 중력에 이끌려 공전하고 있거든요. 이런 천체를 준위성이라고 부르는데, 준위성 또는 유사위성이라고 불리는 이 천체들은 독특한 특징을 가지고 있습니다. 준위성들은 모항성의 중력에 이끌려 공전하고 있어서 행성의 입장에서는 그저 소행성에 불과하지만 행성의 근처에 있다 보니 마치 주변 행성의 위성처럼 보이는 이상한 특징을 가지고 있는 천체입니다.

소행성 469219의 궤도를 보면 마치 지구를 공전하는 것처럼 보입니다. 그래서 처음 이 소행성이 발견되었을 때 지구에 두 번째 달이 생길 수도 있다고 예상했죠. 하지만 실제로는 그렇지 않습니다. 그저 지구와 비슷한 궤도를 가지고 있을 뿐, 지구만을 공전한다고는 할 수 없습니다. 결국 지구가 혼자 오해한 짝사랑이었던 거죠.

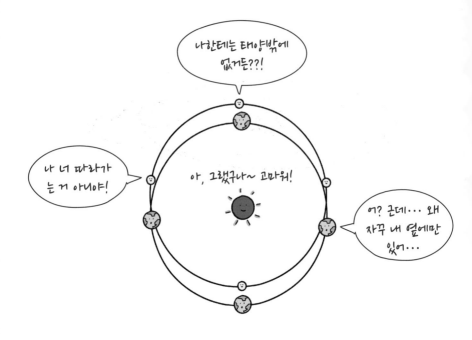

　위성과 준위성을 나누는 기준은 생각보다 단순합니다. '행성에 영향을 받는가? 아닌가?'로 나누면 쉽습니다. 지구의 유일한 위성인 달을 예로 들면, 달은 지구의 중력에 이끌려 지구 주변을 공전하고 있습니다. 물론 태양계의 모든 천체는 태양의 중력에 영향을 받으므로 달이 지구의 중력에만 이끌려 지구를 공전한다고는 할 수 없지만, 달의 궤도에 가장 큰 영향을 주는 건역시 지구이므로 우리는 달을 지구의 위성이라고 부릅니다. 다른 위성들도 마찬가지입니다. 목성의 가장 대표적인 위성인 이오Io 와 유로파Europa , 가니메데Ganymede , 칼리스토Callisto 도 모두 목성의 영향을 받아 목성의 주변을 돌고 있죠.

　그래서 태양의 영향을 더 많이 받는 소행성 469219는 지구의 위성이 될 수 없습니다. 또한 현재 궤도로 미루어볼 때 이 소행성은 약 100년 후 지구를 떠나게 될 겁니다. 정말 짝사랑을 하는 것처럼 불쑥 찾아와 아무도 모르게 사라지게 되는 거죠.

목성의 대표적인 위성들

거대한 가스형 행성인 목성

목성은 태양계 행성 중 가장 거대한 가스형 행성입니다. 지름으로만 봐도 지구보다 약 11배, 질량으로는 약 318배 더 무거운 행성이죠. 목성은 거대함뿐만 아니라 많은 위성을 가진 걸로도 유명합니다. 지금까지 발견된 목성의 위성은 총 79개로 태양계에서 두 번째로 많은 위성을 가지고 있습니다. 목성을 대표하는 4개의 위성을 갈릴레이 위성이라고 부릅니다. 이 위성들은 이름 그대로 1610년 갈릴레이가 발견한 4개의 위성입니다. 재밌는 건 이 위성들의 이름이 제우스의 연인들이라는 겁니다. 목성을 뜻하는 'Jupiter'는 그리스 로마 신화에 나오는 제우스의 영어 이름입니다. 그리고 목성의 위성들 이름도 제우스의 연인이었던 이오, 유로파, 가니메데, 칼리스토에서 유래되었죠.

이오는 목성과 가장 가까운 위성으로 달보다 조금 더 큽니다. 가장 큰 특징으로는 화산 폭발이 활발하게 일어나고 있어서 얇은 대기가 형성돼 있다는 점입니다.

이오

유로파는 달보다는 약간 작은 위성입니다. 아주 얇기는 하지만 산소로 이루어진 대기가 있으며, 표면은 얼음으로 이루어져 있고 안에는 액체 상태의 바다가 있습니다. 그래서 생명체가 존재할 가능성이 높은 곳으로 꼽힙니다.

유로파

가니메데는 태양계 위성 중 가장 큰 위성입니다. 가니메데의 대기는 100% 산소로 이루어져 빛을 많이 반사해 굉장히 밝습니다. 그래서 맑은 날에는 일반 망원경을 가지고도 가니메데를 쉽게 찾아볼 수 있죠.

가니메데

칼리스토는 목성의 달이라고 할 수 있는데, 칼리스토의 공전 주기와 목성의 자전 주기가 같기 때문입니다. 그래서 우리가 달의 한쪽 면만 보는 것처럼 목성에서도 칼리스토는 한쪽 면만 볼 수 있습니다.

칼리스토

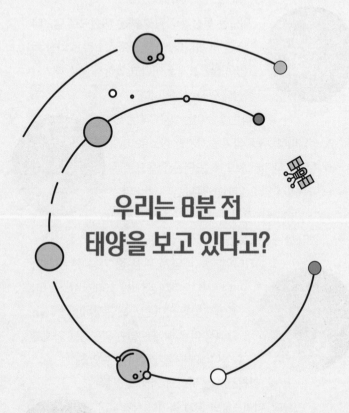

우리는 8분 전
태양을 보고 있다고?

태양은 지구와 가장 가까운 동시에 우리에게 가장 익숙한 항성입니다. 매일 아침 우리는 태양을 보며 일어나고 태양이 지평선 뒤로 숨을 때 잠에 들죠. 그래서 태양은 항상 우리와 같은 시간 속에 있는 것처럼 보입니다. 하지만 사실은 그렇지 않습니다. 태양은 우리보다 느린 시간 속에 살고 있으며, 우리가 보는 태양은 늘 과거의 모습이죠.

　SN 1987A는 맨눈으로도 볼 수 있을 정도로 가까운 곳에서 일어난 초신성 폭발이었습니다. 1987년 2월 24일부터 밤하늘에

서 맨눈으로 볼 수 있었던 이 아름다운 초신성에는 한 가지 비밀이 있습니다. 바로 우리와 168,000광년이나 떨어져 있다는 거죠. 그래서 실제로 1987년 2월 24일에 이 초신성을 본 사람들은 168,000년 전에 이미 폭발한 초신성을 현재에 본 것이라고 할 수 있습니다.

아주 오래전 우리는 빛의 속도가 무한하다고 믿었지만, 수많은 실험을 통해 결국 빛의 속도가 유한하다는 것을 증명했습니다. 그리고 빛의 속도가 유한하므로 우리가 밤하늘에서 보는 별도 모두 지난 과거의 모습이라는 걸 알게 됐죠.

우리가 무언가를 본다는 건 빛이 우리 눈에 들어오고, 눈이 빛의 파장을 받아들이고 뇌가 이를 해석해서 우리에게 상을 보여주는 거죠. 물론 이 과정에서 뇌가 약간 주관적인 해석을 하기도 하지만, 어쨌든 우리가 무언가를 본다는 건 빛을 보는 겁니다. 그리고 초신성 SN 1987A의 빛 역시 이와 마찬가지죠.

앞서 이야기했듯 SN 1987A는 우리와 168,000광년 거리에 있습니다. 그렇다는 건 빛이 이 거리를 168,000년에 걸쳐 날아왔다는 것이고, 이는 빛이 168,000년 전에 SN 1987A에서 출발한 빛이라는 뜻입니다. 그래서 SN 1987A의 모습은 168,000년 전의 모습이라고 할 수 있습니다. 이렇게 따지면 우리가 매일 보는 태양도 동일하게 생각할 수 있죠.

태양과 지구 사이의 거리는 1광년, km로 환산하면 9,461×

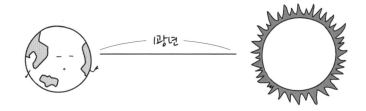

1광년

10^{12}km입니다. 이 거리를 빛이 날아오려면 약 8분 정도의 시간이 필
요합니다. 따라서 우리가 매일 보는 태양은 8분 전의 모습이고, 만
약 어느 날 갑자기 태양 빛이 실제로 사라져도 우리는 사라지고 8
분 동안 태양 빛이 사라진 것조차 알 수 없게 되는 겁니다.

빛은 유한한 속도를 가지기 때문에 거리가 멀수록 우리에게
닿는 데 오래 걸립니다. 태양은 8분 거리에 있는데요. 이는 우리
가 보는 태양의 빛이 늘 8분 전의 빛이라는 뜻입니다. 밤하늘의
별들도 마찬가지입니다. 몇 광년 거리에 있는 항성들은 모두 몇
년 전의 모습이죠. 하지만 밤하늘의 천체가 과거의 모습이라고
해서 우리 주변에 있는 것들도 모두 과거의 모습이라고는 할 수
없습니다. 주변에 있는 물체들과 우리 사이의 거리는 빛의 속도
로는 순간이라고 할 정도로 가깝거든요. 따라서 우리가 매일 보
는 태양이 8분 전 모습이라고 하더라도 우리는 늘 현재에 있는
거라고 할 수 있습니다.

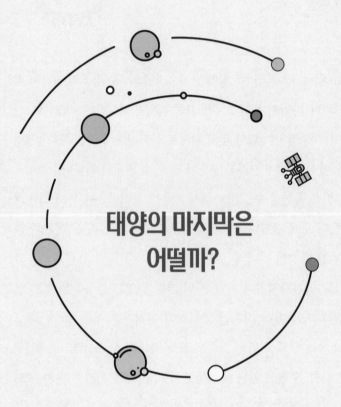

태양의 마지막은
어떨까?

세상에 영원한 것이 있을까요? 우주의 모든 것은 순환하고, 다음 세대로 계속 이어지죠. 항성을 예로 들면, 빅뱅 초기에 존재했을 것으로 예상되는 1세대 별들은 죽음을 통해 2세대 별들이 더 잘 만들어지는 환경을 만들었고, 또 다음 세대 별들이 만들어지게끔 재료도 남겨주었습니다. 우리도 1세대 별의 자손입니다. 1세대 별이 만들어낸 금속들이 지금 우리의 몸을 구성하고 있기 때문이죠.

　우주는 이렇게 순환하고 있습니다. 그리고 태양도 마찬가지죠. 태양은 언젠가 행성상 성운으로 변할 것이고, 이때 우주로 뿌려진 물질들이 모여서 다시 태양과 같은 항성이 만들어질 겁니다. 그렇다면 태양과 같은 항성들은 어떻게 죽음을 맞이하는 걸까요?

　항성들이 죽음을 맞이하는 첫 번째 단계는 바로 연료의 소진입니다. 너무 당연한 이야기죠. 항성의 중심에는 높은 온도와 압력으로 인해 계속 핵융합 반응이 일어나고 있습니다. 이를 통해 항성들은 아름다운 빛을 우주에 흩뿌릴 수 있죠. 그래서 연료를 모두 소진하는 것이 항성 죽음의 첫 번째 단계죠.

　보통 항성이 태어나면서 가지는 수소, 즉 연료의 양은 항성

질량의 약 70% 정도고, 나머지 28%는 헬륨, 2%는 금속입니다. 물론 항성이 태어날 때 가지는 수소의 양이 항성의 수명을 결정하는 것은 아닙니다. 오히려 질량이 큰 거대한 항성의 경우 핵융합 반응이 더 활발히 일어나서 연료를 더 빠르게 사용하게 되고요. 질량이 작아 면적이 작은 항성들은 적은 양의 연료를 가지고 있지만 핵융합 반응이 천천히 일어나 훨씬 더 오랫동안 살아남을 수 있습니다. 대표적으로 적색 왜성들이 바로 이런 친구들이죠. 적색 왜성은 아주 작은 항성으로 보통 800억 년에서 17조 년 정도의 수명을 가진 명이 아주 긴 친구들입니다. 그래서 우리는 아직 적색 왜성의 죽음을 보지 못했습니다. 그렇다면 태양의 수명은 어떨까요?

태양의 질량으로 계산해보면 태양은 약 110억 년 정도까지 핵융합을 계속할 수 있습니다. 현재 태양의 나이가 약 46억 년인 걸 감안하면 태양의 수명이 앞으로 64억 년 정도 남았다는 걸 알 수 있죠. 그렇다면 64억 년 후 연료를 모두 소진한 태양은 어떻게 될까요?

태양의 중심에서 수소 핵융합 반응을 통해 만들어지는 에너지는 빛과 열을 만드는 데만 쓰이는 것이 아닙니다. 태양이 자신의 모습을 유지하기 위해서는 외부의 중력과 태양 중심에서 이 중력을 밀어내는 척력이 평형을 이루어야만 하죠. 그래서 태양의 중심에서 연료가 모두 사라지면 핵융합 반응이 멈추고, 태

양의 중심은 외부의 중력에 밀려 점점 수축하게 됩니다. 그리고 이 수축으로 인해 태양 중심의 밀도가 높아지고, 온도도 올라갑니다.

이는 손바닥을 비비는 것과 같은 원리입니다. 양 손바닥이 딱 붙지 않은 상태에서 손을 비비는 것보다 양 손바닥 전체를 완전 밀착시켜서 손을 비비는 게 온도가 더 빨리 올라가죠. 밀도가 높아지면서 온도가 올라가는 것도 이와 마찬가지입니다. 원자와 원자가 더 작은 공간에서 더 빨리 진동하기 때문에 중력이 태양의 중심을 수축시키면 온도가 올라가게 되죠.

이때부터 죽음의 두 번째 단계입니다. 태양 중심의 온도가 올라가면 자연스럽게 중심핵 바깥쪽도 온도가 올라가게 되는데요. 이로 인해 중심핵 바깥쪽에 핵융합이 일어나고, 이때 생기는 척력이 중력을 밀어내 태양을 부풀어 오르게 합니다. 이 시기의 태양을 적색 거성이라고 부르며, 이름 그대로 적색의 거대한 별이라는 뜻입니다.

그리고 태양이 적색 거성으로 진화하면 반지름은 255배, 약 1.2광년의 크기를 가지게 되죠. 하지만 크기가 커진 만큼 태양은 자신의 질량 10%를 잃게 됩니다. 이후 적색 거성이 된 태양의 중심부는 계속해서 수축합니다. 그리고 태양 중심의 온도는 100,000,000℃까지 올라가서 뜨거운 온도 때문에 헬륨이 반응하게 됩니다. 이때부터 태양에서는 수소 핵융합뿐 아니라 헬륨 핵융합 반응도 일어나기 시작하죠.

헬륨 핵융합 반응이 일어나면 엄청난 에너지가 쏟아져 나오게 되는데요. 이런 현상을 '헬륨 섬광'이라고 부릅니다. 하지만 헬륨 핵융합 반응은 그리 오래가지 않습니다. 물론 태양의 헬륨 섬광은 1억 년 정도 유지될 것으로 예상되므로 우리 입장에서는 아주 긴 시간이지만, 우주 입장에서는 짧은 시간이죠.

어쨌든 이렇게 헬륨 섬광이 일어난 태양은 다시 반지름이 약 11배 정도 줄어들고, 이 상태를 1억 년 정도 유지하게 됩니다. 그 후 태양은 정말 마지막 단계로 넘어가죠.

태양은 헬륨 핵과 헬륨 핵이 서로 융합해 탄소를 만들어내는데, 이렇게 만들어진 탄소가 태양 중심에 쌓이게 됩니다. 이런 식으로 탄소가 계속 쌓이다가 탄소가 중심에 가득 차면 태양은 마지막 숨을 몰아쉴 준비를 합니다. 태양은 탄소를 이용해 핵융

이제 진짜
마지막인가 봐.
힘이 없어.

합 반응을 할 수 없습니다. 이로 인해 태양의 중심은 중력을 밀어낼 척력을 잃어버려 다시 중력이 태양의 중심을 수축시키게 되죠. 이로 인해 태양은 자신의 모습을 유지할 수 없게 되어 행성상 성운으로 자신을 감싸던 물질의 대부분을 우주로 흩뿌리게 됩니다.

NGC 1501이라고 불리는 행성상 성운은 지구로부터 약 5,000광년 거리에 있습니다. 행성상 성운은 별의 마지막 단계로 이렇게 우주로 흩뿌려진 물질은 다음에 태어날 별을 위한 좋은 재료가 되죠. 그래서 이 죽음은 한편으로 쓸쓸하지만 아름답다고도 할 수 있습니다. 자신의 주변을 감싸던 물질을 우주 공간으로 흩뿌린 태양은 별의 마지막 단계인 행성상 성운으로 변하게

되는데요. 이때 행성상 성운의 중심에서는 백색 왜성이 만들어
집니다.

백색 왜성은 다른 항성들과는 전혀 다른 항성으로 행성상
성운 중심의 물질이 계속 수축해서 만들어지는 별입니다. 그래
서 밀도가 아주 높은 것으로 유명하죠. 우리가 만약 백색 왜성을
한 숟가락이라도 뜰 수 있다면, 숟가락 하나에 무려 10t에 달하
는 물질을 담을 정도로 밀도가 높습니다.

하지만 백색 왜성은 다른 항성들과는 다르게 핵융합 반응을
일으킬 수 없는 항성입니다. 핵융합 반응의 찌꺼기가 모여 만들
어졌기 때문에 그저 행성상 성운이 되면서 남긴 열 에너지로 빛
을 낼 뿐이죠. 그래서 백색 왜성은 스스로 빛을 낸다기보다는 천
천히 식어가는 항성이라고 볼 수 있습니다. 그리고 이런 이유로
별의 마지막 모습이라고 부르죠. 그렇다면 백색 왜성이 된 이후
에 태양은 어떻게 될까요?

백색 왜성이 된 태양은 차갑게 식어갈 겁니다. 앞서 이야기
했듯이 백색 왜성은 식어가는 별입니다. 그래서 백색 왜성이 다
식으면, 별의 시체라 부르는 흑색 왜성으로 변합니다. 흑색 왜성
은 아직까지 관측된 적은 없지만, 열도 없고 딱딱하게 굳어 마치
소행성과 같은 모습을 한 천체죠. 이렇게 흑색 왜성이 된 태양은
정말 낮은 확률이지만 다른 천체에 붙잡히거나 다른 항성의 중
력에 이끌려 그 항성과 충돌하여 먹이가 되거나 혹은 빛을 잃은

채 우주를 영원히 떠돌게 될 겁니다. 이게 한때 찬란하던 태양의
마지막 모습입니다.

보이지 않아도 존재하는
별의 시체 '흑색 왜성'

흑색 왜성은 아직 실제로 발견되지 않은 이론적인 천체로, 말 그대로 어두운 별이라는 뜻입니다. 흑색 왜성은 백색 왜성이 주변 온도와 동일한 정도로 식어서 더 이상 빛이나 열을 내보낼 수 없는 상태의 천체로 추측됩니다. 실제로 존재하는데 어두워서 관측이 안 되서 발견하지 못한 것인지 아니면 실제로 존재하지 않는 천체인지 여전히 의견이 분분합니다.

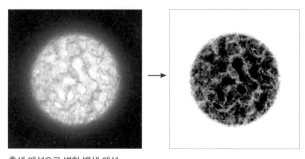

흑색 왜성으로 변한 백색 왜성

이론상으로 백색 왜성이 흑색 왜성이 되기까지는 수백억 년이 필요합니다. 그래서 138억 년 정도의 수명을 지닌 우주에서는 흑색 왜성이 존재하지 않을 거라는 의견이 많습니다. 또한 실제로 흑색 왜성이 있다고 하더라도 열을 거의 내뿜지

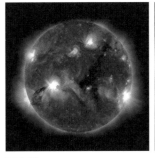

중성자별   블랙홀

않아서 발견하기 어렵고, 설령 열을 내더라도 우주 마이크로
파 배경보다 높은 수준이 아니기 때문에 관측이 불가능하다
고 전해집니다. 흑색 왜성을 발견하는 최후의 방법은 중력을
이용하는 방법밖에 없어서 많은 과학자들에게 숙제처럼 남
겨져 있습니다.

1960년대에는 갈색 왜성을 흑색 왜성으로 불러 두 천체가
동등한 천체라 생각했지만, 갈색 왜성은 기체가 모여서 형성
한 별이며 충분한 질량이 모이지 않아 수소 핵융합을 일으킬
수 없는 상태의 별이라는 게 알려지면서 전혀 다른 천체라는
것이 밝혀졌습니다.

천체의 탄생과 죽음을 이야기할 때 흑색 왜성은 죽음으로 표
현됩니다. 그래서 천체의 또 다른 마지막이라고 일컫는 중성
자별이나 블랙홀로 연결해보지만, 그 역시 거리가 멀어서 흑
색 왜성은 아직도 풀리지 않는 우주의 수수께끼입니다.

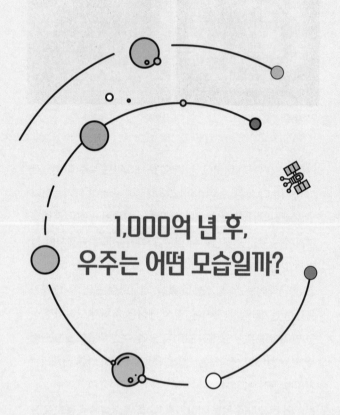

1,000억 년 후, 우주는 어떤 모습일까?

미래는 아직 오지 않은 현재 이후의 시간을 말하죠. 현재를 사는 우리는 아직 오지 않은 미래를 늘 궁금해 합니다. 하지만 이제 조금 더 시야를 넓혀보는 건 어떨까요? 우주의 미래를 보자는 겁니다.

　상상력을 사용해보죠. 지금 우리가 있는 곳은 1,000억 년이 지난 태양계입니다. 하지만 지금 우리가 있는 곳에서는 태양도 지구도 다른 행성들도 찾아볼 수 없습니다. 오히려 태양과는 전혀 다른 항성과 행성들이 태양계의 천체들 대신 자리하고 있을 뿐입니다. 이 항성계의 중심에는 태양처럼 안정적으로 밝은 빛

500년이 지나면
우주로 여행갈 수 있겠지?

다른 행성에서
살고 있을 거 같아!

을 내는 항성이 있고, 새로운 행성들이 주변을 채우고 있습니다. 그리고 지구가 있던 자리에 다시 생명체가 살 수 있는 환경의 행성도 생겨났죠.

1,000억 년 후 태양계는 우리가 알던 곳과는 전혀 다른 곳입니다. 그럼 이제 더 밖으로 나가서 은하를 보도록 하죠. 은하도 마찬가지로 우리가 알던 모습이 아닙니다. 1,000억 년이라는 긴 시간 동안 우주에는 도대체 무슨 일이 일어난 걸까요?

다시 현재로 돌아와 봅시다. 지구가 지금과 같은 온도를 유지하는 건 태양의 광도 덕분입니다. 광도는 어떤 천체가 방출하는 에너지를 말하는데요. 이 에너지가 지구의 온도를 유지하고, 생명체가 살기에 적당한 온도를 만들어줍니다. 그런데 이 에너지는 항상 일정하지 않습니다. 태양의 광도가 1억 년에 1%씩 높아지기 때문이죠. 그래서 지구는 지금도 점점 뜨거워지고 있습니다.

현재 지구의 평균 온도는 13.85℃ 정도지만, 1억 년 후 태양의 광도가 1% 올라가면 지구의 평균 온도는 15.45℃까지 올라갑니다. 별거 아니라고 생각할 수 있지만 지구의 평균 온도가 1℃만 올라가도 지구는 큰 변화가 나타납니다. 1℃가 올라가면 가뭄이 시작돼 농사를 짓기 어려운 환경이 되고, 2℃가 올라가면 북극의 얼음이 녹아 해안가 도시 중 몇 곳은 물에 잠겨 사라집니다. 그래서 10억 년 후 태양의 광도가 10% 정도 강해지면

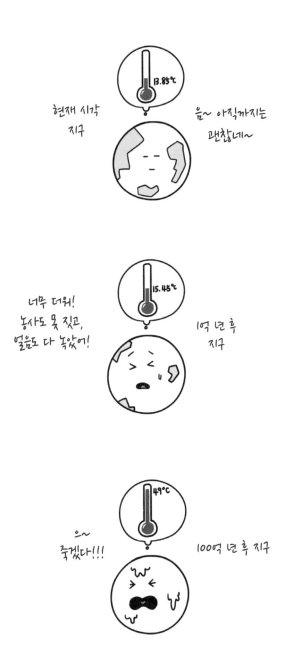

지구는 생명체가 살 수 없는 아주 척박한 환경으로 변하게 되죠. 이때 지구의 평균 온도는 29.85℃까지 오르지만, 이는 단순히 광도에 의한 계산일 뿐 점점 뜨거워진 지구의 평균 온도는 바다를 증발시킬 것이고, 이로 인해 엄청난 온실효과가 나타나 지구의 평균 온도는 약 49℃까지 올라가게 될 겁니다. 그래서 이 시기 지구에는 바다도 사라지고, 생명체가 살기 힘든 환경이 될 겁니다. 하지만 이런 지옥 속에서도 살아남은 생명체가 있습니다. 바로 미생물이죠.

미생물은 생명체가 존재할 수 없을 거라고 예상되는 곳에서도 존재하는 아주 질긴 친구들입니다. 대표적으로 호열균이라고 불리는 미생물을 예로 들 수 있는데요. 호열균은 비교적 높은 온도에서 살아가는 친구들로 최고 80℃의 온도에서 살아남을 수 있고요. 이보다 더 질긴 초호열균은 최고 120℃가 되는 환경 속

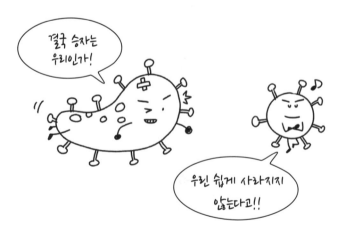

에서도 살아남죠.

그래서 태양의 광도가 높아져 마치 지옥처럼 변한 지구에는 오직 미생물만이 살아남아 지구에 생명체가 존재했다는 과거를 알려주게 될 겁니다. 하지만 미생물도 시간이 지나면 모두 사라지고, 결국 마지막에는 화성 같은 모습으로 변하게 되겠죠.

조금 더 먼 미래로 가볼까요? 지금 우리가 와 있는 곳은 40억 년이 흐른 뒤 황량한 지구입니다. 땅은 황량해도 밤하늘만큼은 기가 막힙니다. 왜냐하면 이 시기가 되면 드디어 우리 은하와 안드로메다가 충돌하기 때문이죠. 두 은하의 충돌로 우리 은하는 밀코메다Milkomeda로 변하게 됩니다. 우주가 계속 팽창하고 있는데, 어떻게 두 은하가 충돌할 수 있냐고요?

우주의 팽창은 천체들이 스스로 멀어지는 현상이 아닙니다. 우주에 새로운 공간이 생기는 거죠. 그래서 우리 은하로부터 거리가 먼 은하일수록 새로운 공간이 더 많이 생겨서 더 빨리 멀어집니다. 그런데 안드로메다의 경우 공간이 새로 생기는 속도보다 더 빠르게 우리 은하에 접근하고 있기 때문에 40억 년 후면 우리 은하와 충돌하게 되는 거죠.

이 과정은 충돌이라고 부르기에는 아주 느리고 천천히 오래 진행됩니다. 현재 예측으로는 40억 년 후 두 은하가 충돌하면, 이 충돌 과정은 30억 년이라는 긴 시간 동안 진행될 것으로 보입니다. 그래서 사실 서로 부딪히는 충돌의 느낌보다는 서로를 안

땅은 지옥인데, 하늘은 꼭 천국 같네...

아주는 느낌이 들 겁니다. 그리고 이 포옹으로 인해 다치는 별이나 천체도 없습니다. 다치기에는 항성 간의 거리가 서로 너무 멀거든요. 두 은하가 충돌해도 태양계는 안전할 것이고, 생명체는 없어도 지구는 여전히 무사할 겁니다. 그리고 이렇게 황량한 지구에서 보는 밤하늘은 두 은하의 충돌로 인해 아름답게 빛나고 있겠죠. 이제 더욱더 먼 미래로 다시 가보죠.

　지금 우리는 1,000억 년 후의 우주에 다시 왔습니다. 이제 모든 의문이 풀렸죠. 하지만 우리가 처음에 놓친 광경이 있습니다. 바로 어두운 우주입니다. 이 시기 밀코메다 은하의 주변은 어둠에 뒤덮이게 됩니다. 망원경으로 주변을 둘러봐도 우리가 은하라고 불렀던 거대한 천체들은 모두 사라지고 없습니다. 우주의 팽창 때문에 이 시기 밀코메다 주변의 은하는 모두 관측 가능한 범위를 벗어나서 볼 수 없게 되죠. 그래서 밀코메다는 마치 우주에 단 하나밖에 없는 은하처럼 보일 겁니다. 그리고 만약 생명체가 살 수 있는 행성에 다시 문명이 생겨서 우주를 관측하게 된다면, 그들이 볼 수 있는 건 무한이라고 부를 수 있을 정도로 넓고 텅 빈 우주와 그곳에 외롭게 남아 있는 밀코메다뿐입니다. 그래서 어쩌면 그들은 우주에 밀코메다만이 존재한다고 생각할 수 있을 것이고, 지금 우리와는 전혀 다른 우주를 보게 되겠죠.

70억 년 후 다시 태어나는
우리 은하, 밀코메다

밀코메다Milkomeda는 약 70억 년 후, 우리 은하를 부르는 새로운 이름으로 우리 은하Milky way와 안드로메다Andromeda galaxy를 합친 것입니다.

지금으로부터 40억 년 후 우리 은하는 안드로메다가 충돌할 것으로 예측됩니다. 그리고 이 충돌은 약 30억 년 가까이 진행되죠. 그렇게 충돌이 마무리가 될 시점이라고 예상되는 약 70억 년 후, 우리 은하는 안드로메다와 완전히 합쳐져서 밀코메다가 되는 것입니다.

두 은하가 충돌하는 과정은 생각보다 간단합니다. 우리 은하에서 약 250만 광년 떨어진 곳에 있는 안드로메다는 날씨가 아주 맑은 날이면 지금도 관찰할 수 있을 정도로 가까운 거

호주 오지의 밀키웨이

리에 있는 은하죠. 그리고 이 은하는 20억 년이 지나면 우리 은하에 아주 가까워져서 더욱 선명하게 볼 수 있게 됩니다.

약 38억 년이 지나면 우리 은하는 안드로메다의 중력에 의해 서서히 휘어지기 시작합니다. 그리고 약 40억 년이 지나면 우리 은하와 안드로메다는 충돌하기 시작합니다. 만약 이 시기에 우리가 밤하늘을 실제로 본다면, 지금과는 비교할 수 없을 정도로 아주 밝은 밤하늘을 볼 수 있습니다. 두 은하의 충돌로 인해 별들이 폭발적으로 생겨나기 때문입니다. 하지만 이 시기가 오래가지는 않습니다.

약 46억 년이 지나면 두 은하는 서로의 중력에 의해 휘어지고 뒤틀리고 합쳐집니다. 그로부터 4억 년이 더 지난 후 서로 뒤틀리고 있던 두 은하의 충돌이 서서히 마지막을 향합니다. 이 시기에는 두 은하가 상대적으로 안정적인 모습을 보일 것으로 예측됩니다. 그리고 두 은하가 충돌하고 30억 년이 지난 70억 년 후, 우리는 새로운 은하인 밀코메다를 만나게 될 겁니다.

안드로메다 은하

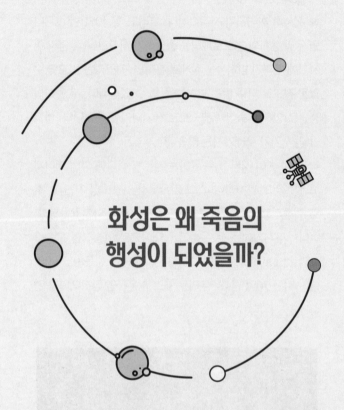

화성은 왜 죽음의
행성이 되었을까?

'죽음의 행성'이라고 하면 가장 먼저 떠오르는 행성이 있나요? 저는 화성이 떠오릅니다. 영화 〈매드맥스〉의 한 장면을 보는 것과 같은 풍경들, 황량하고 희끗희끗한 얼음들과 붉은색을 띠는 대기. 만약 지옥이 있다면 화성과 비슷한 모습을 가지고 있을 겁니다. 그렇다면 화성은 언제부터 이런 풍경을 가지게 되었을까요?

우리는 아주 오래전 화성의 표면에서 물이 흘렀던 흔적을 찾아냈습니다. 실제로 화성에는 구름과 얼음이 발견되며, 아직은 관측되지 않았지만 화성의 여름 중 아주 짧은 시간 동안은 물이 흐르는 것으로 예상됩니다. 그래서 한때는 화성이 살기 좋은 곳이었을 거라는 주장도 제기되곤 했죠. 아! 물론 여기서 살기 좋은 곳이라는 건 지구처럼 생명체가 살기에 좋은 환경이라는 뜻은 아닙니다. 그저 지금보다 조금 더 나은 환경을 의미하죠. 그랬던 화성의 환경은 왜 지금처럼 바뀌게 된 걸까요?

화성의 특성을 좀 살펴보죠. 먼저 화성의 대기층은 상당히 얇은 편입니다. 지구와 비교하면 약 0.6% 정도밖에 되지 않는 아주 약한 대기층을 가지고 있죠. 이는 대기압이 낮다는 걸 의미합니다. 화성의 대기압은 지구보다 낮으므로 화성에서 물은 더 낮은 온도에서 끓습니다. 이런 현상 때문에 액체 상태의 물이 존재하기 어려운 환경이 만들어지죠. 흐르는 물이 생겨도 끓어서 금방 증발합니다.

화성에 얼음이 있는 것도 마찬가지죠. 화성의 물은 쉽게 끓고, 또 쉽게 얼어버립니다. 물론 지금 화성에서 발견되는 희끗희끗한 얼음은 드라이아이스로 실제 물은 아닙니다. 화성의 물은 우리 눈에 보이지 않는, 화성의 지하 어딘가에 있을 것으로 추정하고 있죠. 하지만 이를 반대로 생각하면 화성에 지구만큼만 대기가 있다면 흐르는 물이 존재할 수 있다는 말이 됩니다.

그리고 화성과 지구의 가장 큰 차이점 중 또 하나는 바로 자기장입니다. 화성에는 지구처럼 자기장이 존재하지 않으므로 태양으로부터 전하를 띠는 '하전 입자'가 화성 표면에 그대로 쏟아집니다. 하전 입자들이 행성의 표면에 그대로 쏟아지면 행성에 존재하는 대기를 데우고, 뜨거워진 행성의 대기는 더 쉽게 우주로 빠져나가게 됩니다. 온도가 높아져 운동 에너지가 더 높아진 원자들이 차가운 원자보다 더 쉽게 우주로 빠져나가게 되는 겁니다. 그래서 화성에 대기가 존재하지 않는 거죠.

쉽게 이야기하면 하전 입자는 전기적인 특징이 있어서 지구의 자기장에 붙잡혀 지구의 표면으로 직접적으로 쏟아지지 않는데, 화성에는 자기장이 없어서 하전 입자가 그대로 들어오게 되어 대기를 모두 날려버린 겁니다. 그러면 아주 오래전 화성은 어떤 모습을 하고 있었을까요?

약 37억 년 전에는 화성에도 산소와 흐르는 물이 존재했을 것으로 추정됩니다. 물론 앞에서 이야기했듯이 지구처럼 생명체가 존재했다는 말은 아닙니다. 그저 생명체가 생겨날 수 있는 최소한의 조건을 가지고 있었다는 거죠. 상상해보면 화성의 하늘도 지구처럼 푸른색을 띠었을 것이고, 지표면 역시 붉은색이 아니라 우리가 알고 있는 흙과 같은 색깔이었을 것으로 예상해볼 수 있죠. 하지만 이런 화성의 황금기는 생명체가 생겨날 만큼 오랫동안 유지되지 않았고, 지금과 같은 모습으로 변하게 되었을 겁니다.

제2의 지구 같은 친근한 화성

NASA에서 촬영한 이미지에는 화성의 표면에 흘렀던 물의 흔적이 남아 있죠. 아주 오래전 화성에는 물이 존재했을 것이고, 지금과 같이 지옥과도 같은 풍경을 가지고 있지도 않았을 겁니다.

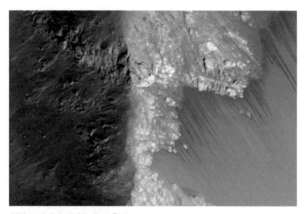

화성 표면에서 발견된 물의 흔적

화성은 태양계의 네 번째 행성으로, 행성 전체가 붉은 색을 띠고 있어'불 화火'를 써서 화성이라고 부르게 됐습니다. 밤하늘에 붉은 빛을 띠며 맨눈으로도 쉽게 관측되는 행성이죠. 태양, 달, 금성, 목성 다음으로 밤하늘에 가장 밝은 친근하고 반가운 천체입니다.

화성을 탐지하고 있는 탐사선

미국의 화성 탐사선 매리너 4호가 1965년에 화성을 처음으로 근접 비행을 하기 전까지 과학계 안팎의 사람들은 화성에 대량의 물이 존재할 거라 기대했습니다. 화성의 극지방에서 밝고 어두운 무늬가 주기적으로 변화한다는 사실 때문이었죠.

물과 생명체의 발견에 대한 기대로 많은 탐사선들이 미생물을 찾기 위한 센서를 달고 화성에 보내졌습니다. 이 탐사선들은 화성에서 다량의 얼음을 발견했고, 생명체가 존재할 가능성도 높다고 했죠. 하지만 낮은 대기압으로 인해 과학적으로 화성 표면에 물은 존재할 수 없다는 것이 밝혀졌습니다.

화성

그리고 2016년, 나사는 화성 표면 안에 얼음이 존재할 것이라고 새로운 발표를 했습니다. 비록 드라이아이스이긴 하지만 화성에 대한 새로운 발표는 제2의 지구를 만들 수 있다는 희망을 줍니다.

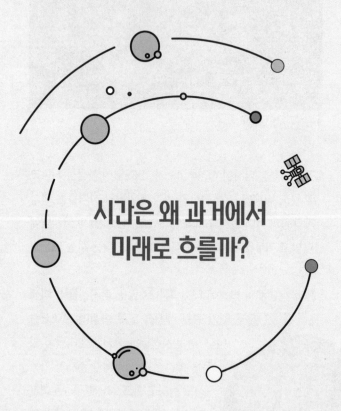

시간은 왜 과거에서
미래로 흐를까?

우리가 느끼는 시간의 방향은 언제나 같습니다. 과거에서 현재를 지나 미래로 흐르죠. 예를 들어, 설거지를 하다가 접시를 깨면 깨진 접시는 시간이 흘러도 깨진 상태로 계속 남아 있죠. 시간이 거꾸로 되돌아가 깨진 접시가 다시 붙는 일은 일어나지 않습니다. 그런데 그런 생각 안 해보셨나요? 시간은 왜 항상 과거에서 미래로 흐르는 걸까?

진공 상태에 공 2개가 있다고 가정해보죠. 우리가 이 공을 양쪽 끝에 놓고 서로 충돌시키면 당연히 두 공은 서로를 향해 날아와 중앙에서 만나서 부딪히고, 다시 양쪽으로 돌아가게 되겠죠. 너무 당연한 이야기인가요?

그럼 이번에는 시간을 거꾸로 돌려볼까요? 어떤가요? 이전과 다른가요? 이 두 공의 움직임은 시간이 거꾸로 돌려도 똑같습니다. 다시 서로를 향해 날아와 중앙에서 충돌하고 다시 양쪽으로 돌아가죠. 그럼 두 공이 서로를 향해 날아와 중앙에서 부딪혔다가 다시 되돌아간다면, 우리는 두 공에게 흐르는 '시간의 방향'을 맞출 수 있을까요? 즉 공이 왔다 갔다 하는 움직임을 보고 이게 부딪히려고 하는 건지, 부딪혔다가 돌아가려고 하는 건지 알 수 있을까요? 글로 읽으면 시간이 어떻게 흐르는지 알 것

같지만, 실제로 두 공이 부딪히는 장면을 비디오로 찍어서 거꾸로 재생해보면 시간이 과거에서 미래로 흐르는지, 미래에서 과거로 흐르는지 구분할 수 없습니다. 왜냐하면 시간의 흐름과 상관없이 두 공의 움직임은 물리적으로 같기 때문이죠. 이를 '시간역전 대칭' 또는 '시간되짚기 대칭'이라고 합니다. 시간이 앞으로 흐르든 뒤로 흐르든 대칭을 이룬다는 뜻이죠. 그래서 물리학에서는 시간은 방향을 가지지 않는다고 말하는 겁니다.

그런데 시간이 방향을 가지지 않는다면, 왜 우리는 시간이 과거에서 미래로, 마치 뒤에서 앞으로 흐르는 것과 같은 방향성을 느끼는 걸까요?

여기 슬라이드 퍼즐이 있습니다. 슬라이드 퍼즐은 퍼즐 조각을 하나씩 밀어내 그림을 맞추는 퍼즐로 제가 어릴 때는 상당

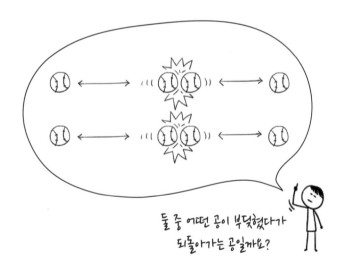

둘 중 어떤 공이 부딪혔다가 되돌아가는 공일까요?

히 유행했던 퍼즐이었습니다. 슬라이드 퍼즐이 무작위로 섞인 상태로 있다고 가정해보죠. 만약 여러분이 두 눈을 가린 채 무작위로 움직여 이 퍼즐을 맞춰야 한다면 어떨까요? 운에 맡긴 채 이 퍼즐을 맞출 수 있을까요? 불가능하죠. 절대 맞출 수 없습니다. 물론 정말 말도 안 되게 운이 좋다면 맞출 수 있겠지만, 이런 일이 일어날 가능성은 복권에 당첨될 확률보다 낮죠. 시간이 흘러가는 방식도 이와 비슷합니다.

퍼즐의 처음 상태를 '과거', 우리가 퍼즐을 맞추기 위해 퍼즐을 움직이는 행위를 시간의 흐름이라고 비유하면 과거에서 미래로 시간이 흐르면 퍼즐은 자연스럽게 처음 위치에서 벗어나 다른 위치로 움직이게 될 겁니다. 왜냐하면 시간에는 방향성이 없어서 어디로 움직이든 상관없기 때문이죠. 그리고 이 움직임들이 쌓이면 퍼즐은 점점 더 엉망이 될 겁니다. 시간이 미래로 흐르는 거죠.

그럼 이렇게 엉망이 된 퍼즐이 다시 처음 상태로 돌아갈 수 있을까요? 앞서 이야기했듯 그럴 확률은 낮습니다. 시간은 언제나 확률이 높은 쪽을 향해 움직입니다. 설거지를 하다가 깨뜨린 접시를 다시 생각해보면, 접시가 우리의 손을 떠나 땅을 향해 떨

어지고 있다면 이 접시가 중력을 무시하고 다시 우리 손으로 되돌아올 확률보다 그대로 땅으로 떨어져 깨질 확률이 압도적으로 높죠. 당연한 이야기인가요? 퍼즐도 마찬가지입니다. 엉망이 될 확률이 제대로 맞춰질 확률보다 압도적으로 높으므로 시간의 흐름에 따라 자연스럽게 퍼즐은 계속해서 더 엉망이 될 겁니다. 이를 '열역학 제2법칙'이라고 부릅니다.

열역학 제2법칙은 우리가 살아가는 우주, 자연이 어디로 흘러가는지를 알려줍니다. 모든 것들이 가능성이 적은 경우에서 가능성이 높은 경우로 흘러간다는 아주 당연하면서도 중요한 방향을 나타내죠.

다시 퍼즐로 가보죠. 퍼즐이 처음 온전한 상태로 있을 경우의 수는 단 한 가지입니다. 모든 퍼즐 조각이 제자리에 있는 경우만을 말하기 때문이죠. 하지만 여기서 퍼즐이 엉망이 될 확률은 한 가지가 아닙니다. 엄청나게 많은 경우의 수를 가지고 있죠. 그래서 열역학 제2법칙에 따라 시간이 흐를수록 경우의 수가 적은 상태에서 많은 상태로 바뀌므로 퍼즐은 자연스럽게 점점 더 엉망이 되고, 어떤 방향성도 가지게 됩니다. 처음 온전했던 상태인 '과거'에서 엉망으로 변하는 '미래'로 향하는 방향성이죠. 이렇게 시간은 과거에서 미래로 자연히 흐르게 됩니다.

정리하면 물리학에서 시간은 방향을 가지지 않습니다. 왜냐하면, 앞서 예로 설명한 두 공이 서로 부딪히는 것과 같은 물리 현상들은 시간 역전 대칭을 만족하기 때문이죠. 시간이 과거에서 미래로 흐르든 미래에서 과거로 흐르든 물리 현상에는 아무런 영향을 미치지 않습니다. 그래서 시간이 어디로 흘러도 물리학 입장에서는 상관없다고 없다는 거죠.

하지만 그렇다고 해서 시간이 마구잡이로 흘러도 괜찮다는 뜻은 아닙니다. 만약 시간이 미래에서 과거로 가면 시간에 따라 경우의 수가 감소한다는 것인데, 이는 열역학 제2법칙을 위반하는 것입니다. 그래서 시간은 자연스럽게 경우의 수가 적은 것에서 많은 것을 향해 흘러간다고 결론 내릴 수 있습니다.

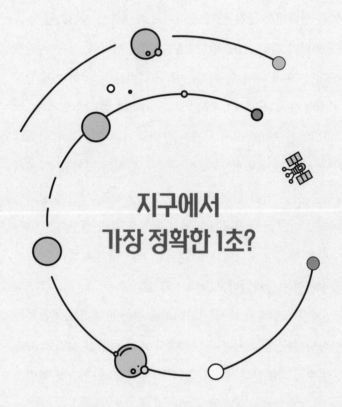

지구에서
가장 정확한 1초?

하루는 24시간, 일주일은 7일, 한 달은 30일, 1년은 365일. 우리는 항상 시간 속에 갇혀 있습니다. 우리는 모두 같은 시간 속에 살고 있습니다. 친구와 약속을 정할 때도 서울에서 나의 오후 1시와 동일한 지역에서 친구의 오후 1시가 같은 것처럼요. 그런데 정말 그럴까요? 우리는 모두 동일한 같은 시간 속, 똑같이 24시간을 살고 있는 걸까요?

지구의 자전 시간
하루, 24시간

지구가 제자리에서 한 바퀴를 도는 데 걸리는 시간, 즉 자전하는 데 걸리는 시간을 하루라고 하죠. 태양과 지구의 적도가 정확히 일직선을 이룬 후 다시 지구가 한 바퀴를 회전해 다시 지구의 적도와 태양이 일직선을 이루는 시간을 24로 나누었고, 이 시간을 하루라고 정한 거죠.

그런데 사실 이건 정확한 하루가 아닙니다. 대충 보면 지구가 온전하게 한 바퀴를 회전하는 것처럼 보이지만, 지구가 한 바퀴를 도는 데는 23.93시간으로, 24시간보다 조금 모자라는 시간입니다. 우리의 하루가 생각보다 정확하지 않다는 거죠. 그럼 왜 지구는 조금 모자라게 하루를 보내는 걸까요?

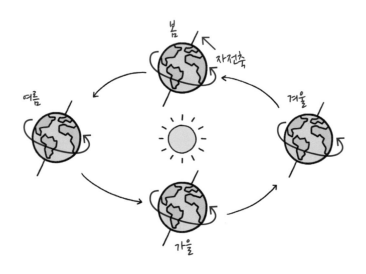

지구가 자전하는 동시에 공전하기 때문입니다. 만약 지구가 태양을 공전하지 않고 제자리에서 한 바퀴만 돈다면 어쩌면 하루는 정확히 24시간이 될 수 있을지도 모릅니다. 하지만 지구는 가만히 있지 않고, 지금도 초속 29.7km의 속도로 태양의 주변을 공전하고 있습니다. 그렇다면 지구의 공전과 하루 사이에 어떤 일이 일어나기에 지구의 하루가 어긋나게 되는 걸까요?

지구가 태양의 주변을 공전하면서 자전하면 자연스럽게 지

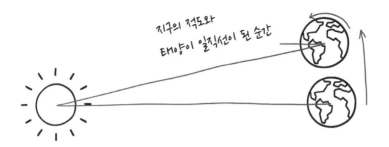

지구의 적도와
태양이 일직선이 된 순간

구의 적도와 태양이 일직선이 되는 순간이 조금 틀어지게 됩니다. 지구의 적도가 한 바퀴 돌아 태양과 일직선이 되는 순간은 1° 정도 차이를 가지게 되죠. 그리고 이 차이로 인해 지구의 하루는 정확히 24시간으로 딱 맞아떨어지지 않게 됩니다. 그래서 우리는 이 모자라는 시간을 채우기 위해 '윤초'라는 개념을 도입했죠.

윤초는 국제 표준시간과 지구가 공전하는 실제 시각이 맞지 않을 때, 둘의 시간을 맞추기 위해 더하는 '1초' 시간을 말합니다. 실제로 지난 2017년 1월 1일 오전 8시 59분 59초에 1초가 더해졌죠. 그렇다는 건 정확한 1초는 존재하지 않는다는 걸까요?

당연히 존재합니다. 바로 동위 원소 133Cs를 이용하는 거죠. 133Cs는 세슘Cs 의 동위 원소로, 양성자 55개와 중성자 78개로 이루어진 물질입니다. 동위 원소란 양성자의 수는 같지만 중성

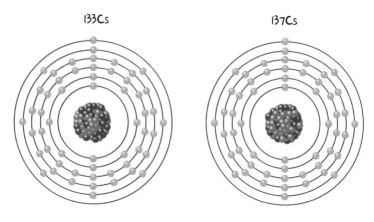

133Cs   137Cs

같은 세슘이지만, 중성자 수가
다른 '동위 원소'

자의 수는 다른, 즉 질량수가 다른 원소를 이야기하는데요. 예를
들어, 137Cs는 133Cs와 마찬가지로 55개의 양성자를 가지지만,
중성자의 수는 133Cs보다 4개가 더 많은 82개를 가지고 있는 물
질입니다.

우리는 세슘의 동위 원소인 133Cs를 이용해 시간을 측정
하고 있습니다. 동위 원소는 같은 물질이기는 하지만 질량에 따
라 구분되며, 서로 다른 특징을 가지고 있습니다. 그래서 같지만
다른 원자량을 가진 두 물질을 서로 구분하는 거죠. 현재 우리
는 133Cs를 이용해 시간을 측정합니다. 133Cs의 최외각 전자가
9,192,631,770번 진동할 때 걸리는 시간을 1초라고 정해서 시간

을 측정하죠. 이 시간이 가장 정확한 1초입니다. 세슘 시계인 거죠. 그런데 하루를 지구의 자전으로 정해놓고 왜 지구의 자전에는 맞지도 않는 1초를 이렇게 정확하게 정의해놓은 걸까요? 차라리 지구의 자전 시간으로 시간을 정하면 하루가 정확해지지 않을까요?

결론부터 이야기하면, 아닙니다! 이런 방법으로 시간을 정하면 지구의 하루는 오차 없이 정확히 24시간이 됩니다. 하지만 이렇게 시간을 정하면 모든 게 틀어지죠. 왜냐하면 지구의 자전이 불규칙하기 때문입니다. 차이가 심한 건 아니지만, 지구가 제자리에서 자전했을 때 하루에 0.0001~0.0003초 정도 차이가 납니다. 물론 지구의 자전 속도가 불규칙한 이유는 아직 알아내지 못했습니다. 다만 아주 가볍게는 생각해볼 수 있는데요. 지구 표면에 있는 모든 게 움직이기 때문일 수 있습니다.

김연아 선수가 빙판 위에서 트리플 악셀을 할 때 팔을 안쪽으로 모으는 것처럼 우리도 바닥에 납작 엎드리면 지구의 자전을 조금 더 빠르게 할 수 있습니다. 유의미할 정도로 자전 속도를 변화시킬 수는 없지만, 지구 표면에 있는 동물들이나 사람, 심지어 식물까지도 지구의 자전에 영향을 주므로 지구의 자전을 불규칙하게 만드는 원인이 될 수 있습니다.

또 달의 중력도 무시할 수 없는데요. 달의 중력에 영향을 받아 지구의 자전 속도가 변할 수도 있습니다. 물론 이건 그저 하나의 가설일 뿐 밝혀진 건 없습니다. 그래서 우리는 아직 지구의 자전 속도가 왜 불규칙한지 모르고, 당장 내일 지구의 자전 속도가 더 빨라질지 느려질지 예측할 수 없는 상태입니다. 이로 인해 우리가 지구의 자전을 기준으로 시간의 길이를 정하면 시간의 길이가 정확하지 않으므로 우리가 측정한 모든 것들이 어긋나기 시작합니다.

어떤 물체의 속도가 궁금하면 그 물체가 이동한 거리를 시간으로 나누면 됩니다. 예를 들어, m/s는 1초 동안 물체가 얼마나 이동했는가를 나타내는 단위인데요. 만약 여기서 1초가 지구의 불규칙한 자전으로 인해 계속해서 바뀐다면 항상 정확하지 않은 속도를 가지게 될 겁니다. 오늘 잰 속도와 내일 잰 속도가 다르므로 정확한 속도를 측정할 수 없는 거죠. 그래서 시간을 지구의 자전에 맞춰 정하지 않고 133Cs를 이용해 측정하는 겁니다. 그리고 우리는 우리가 정의한 정확한 1초를 이용해 이 세계를 설명하고 있습니다. 따라서 가장 정확한 1초는 133Cs의 최외각 전자가 9,192,631,770번 진동할 때 걸리는 시간이라고 할 수 있죠.

사실 시간은 그저 우리가 만들어낸 가상의 개념일 뿐입니다. 보이지도 않고 만질 수도 없죠. 아마 여러분 중에서도 시간을 직접 만져본 사람은 없을 겁니다. 그래서 우주에서 시간은 절대적일 수 없으며, 늘 상대적으로 움직일 수밖에 없죠. 우리의 몸도 마찬가지입니다. 세포 하나하나 모두 각자의 시간대로 살아가고, 모두 다르게 시간이 흐르죠. 우리의 뇌세포와 책을 잡고 있는 손을 이루는 세포가 모두 다른 시간 속에 있는 거죠. 세포들은 자신의 시간대로 살아가고 또 늙어가며 새로운 세포가 그 자리를 대체하는 방식으로 삶을 이어가고 있습니다. 물론 그렇다고 해서 우리가 현재 기준으로 삼고 있는 시간 자체가 모두 거짓이라는 건 아닙니다. 그저 시간이라는 개념 자체가 상대적이라는 거죠.

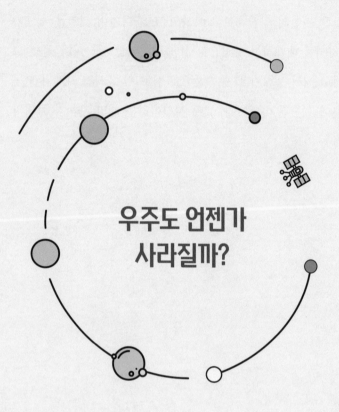

우주도 언젠가
사라질까?

20세기 중반까지만 해도 우리는 우주가 무한하고 영원히 변하지 않는 공간이라고 생각했습니다. 이를 정상우주론이라고 하는데, 이에 따르면 우주는 팽창하지도 수축하지도 않으며 시작과 끝도 존재하지 않는 완벽한 공간입니다. 물론 지금 우리가 보기에는 말도 안 되는 소리죠.

아인슈타인도 정상우주론을 지지했습니다. 아인슈타인은 우주가 시공간의 영향을 받지 않는 공간이라고 생각했죠. 심지어 자신의 상대성 이론으로는 설명되지 않는 이 완벽한 우주를 위해 우주 상수라는 수까지 동원했을 정도로 정상우주론은 당시 우주관을 지배했습니다.

하지만 이런 생각은 오래가지 못했죠. 에드윈 허블이 우주가 팽창하고 있다는 사실을 발견했기 때문입니다. 이때부터 우리는 우주가 팽창하고 있다는 사실을 믿기 시작했죠.

이후 우주가 작은 점에서 시작했고 지금까지 계속 팽창해서

우주는 어제보다
오늘 더
팽창하고 있습니다!

오늘날의 우주가 됐다는 빅뱅우주론이 등장했고, 지금까지 이 이론을 지지하고 있습니다. 빅뱅우주론 덕분에 우주의 시작과 끝도 알 수 있게 됐죠. 과거에는 우주가 무한하고 영영 변하지 않는 완전무결하지만 재미없는 공간처럼 여겨졌는데, 지금은 계속 팽창하고 매일 변화무쌍하게 바뀐다는 걸 알게 되면서 우주는 숨을 쉬기 시작했습니다. 과거와 달리 생명력을 얻은 우주를 떠올리면 탄생과 마지막이 궁금해집니다. 우리 인생은 모두 마지막이 있는데, 우주도 그럴까요?

우주가 팽창한다는 걸 알게 된 이후 우주의 죽음, 멸망 시나리오는 쏟아졌습니다. 현재 가장 신빙성이 있는 시나리오는 세가지입니다. '빅 크런치big crunch', '빅 프리즈big freeze', '빅 립big rip'이죠. 아주 먼 미래에 우주는 이 세 가지 중 한 가지로 죽음을 맞이할 것이라고 예상되고 있습니다.

첫 번째 시나리오는 빅 크런치입니다. 이 시나리오는 중력이 팽창력을 이길 경우 진행되는 시나리오인데요. 그래서 우주가 빅 크런치로 종말을 맞이할 경우 우주는 일정 수준까지 팽창한 후에, 팽창을 멈추고 자신의 중력에 의해서 다시 하나의 점으로 돌아갑니다. 마치 블랙홀의 특이점처럼 우주가 하나의 점으로 모여서 빅뱅이 일어나기 전 모습으로 되돌아가는 거죠.

하지만 이 점이 우주의 마지막 모습은 아닙니다. 우주가 점이 된다는 것은 우주의 모든 물질이 플랑크 길이보다 작은 공간에 빽빽하게 들어차는 상태를 말하는데요. 여기서 플랑크 길이란 우주의 기본 단위 중 하나로 1.61624E-35m입니다. 어떤 물질이 플랑크 길이보다 작다면 이 물질이 앞으로 어떻게 될지 수학적으로 예측할 수 없게 됩니다. 단순하게 계산이 안 되는 거죠.

그래서 빅 크런치로 인해 플랑크 길이보다 작은 점으로 모인 우주가 다시 빅뱅을 일으켜 또 다른 우주가 된다는 의견도 있습니다. 이를 빅 바운스big bounce 라고 부르는데요. 우주가 어느 정도 팽창하다가 다시 한 점으로 모이고, 이 점이 다시 빅뱅을 일으켜 우주가 됐다가 또 다시 수축해서 점으로 돌아가는 것을 반복한다는 시나리오입니다.

우주가 팽창하다가 다시 특이점으로 돌아간다는 빅 크런치와 비슷해 보이지만 전혀 다릅니다. 빅 바운스는 우주가 특이점에서 폭발하는 것이 아니라 영원히 수축과 팽창을 반복한다는 주장으로, 우주의 끝이 아니라 우주의 시작으로 제기된 시나리오이기도 합니다. 하지만 이 또한 가설에 불과한 시나리오죠.

두 번째 시나리오는 빅 프리즈입니다. 빅 프리즈는 빅 크런치와 반대로 우주의 팽창이 중력을 이길 때 진행되는 시나리오입니다. 그래서 빅 프리즈가 발생하면 우주는 끝없이 팽창하고, 마지막에는 우주에 있는 모든 물질이 멀어져 독립적으로 존재하게 됩니다. 서로 가까워지려고 노력해도 우주의 팽창 속도가

너무 빨라서 닿지 못하는 상태가 되는 거죠. 물체와 물체 사이의 거리는 점점 멀어지고 우주의 온도도 차츰 낮아져서 이 시기를 빅 칠Big Chill 이라고도 부르죠. 빅 프리즈는 지금까지 나온 우주 멸망 시나리오 중에 가장 가능성이 높은 시나리오이기도 합니다.

우주가 계속 팽창하면 우리 은하의 주변 은하들은 우리에게서 더 빨리 멀어지게 될 겁니다. 행성들끼리의 거리도 너무 멀어져 주변을 아무리 둘러봐도 온통 새까맣고 텅 빈 것처럼 보이는 우주 공간이 되겠죠. 그리고 더 많은 시간이 흐르면 우주에는 더 이상 별이 만들어지지 않는 시기가 찾아오고, 백색 왜성이나 중성자별 블랙홀만 남게 될 겁니다. 그리고도 더 길고 긴 시간이 지나면 블랙홀도 사라지고, 우주 공간에는 캄캄한 어둠만 가득할 겁니다. 이 모습이 현재 가장 유력하다고 생각되는 우주의 마지막 모습입니다.

마지막으로 세 가지 시나리오 중 가장 최근에 등장한 빅 립은 '거대한 찢어짐'이라는 뜻을 가집니다. 이 시나리오도 빅 프리즈와 마찬가지로 우주의 팽창이 중력을 이길 때 발생하지만 빅 프리즈와는 비교할 수 없을 정도로 우주의 팽창 속도가 빠르다는 차이점이 있습니다. 이 부분은 아직 우리가 암흑 에너지에 대해 모르기 때문에 생겨난 이론입니다.

지금까지 암흑 에너지에 대해서 알아낸 것이라고는 우주를 팽창하는 힘이라는 게 전부입니다. 그래서 암흑 에너지가 앞으로 어떻게 작동할지는 누구도 예측할 수 없죠. 물론 핵심은 암흑 에너지가 우주의 73%를 차지할 정도로 많을 것으로 예상되기 때문에 우주의 가속 팽창이 빨라질 거라고 생각하는 종말론입니다.

빅 립 종말론에 따르면, 220억 년 뒤 우주의 팽창이 급속도로 가속화되어 찢어질 것으로 예상되는데요. 여기서 찢어진다는 표현은 말 그대로 우주의 팽창이 우주 공간 자체를 찢어놓는다는 뜻입니다. 공간 자체의 찢어짐으로 인해 우주에 존재하는 원자마저도 찢어진다는 거죠. 그래서 빅 립이 일어난 우주는 마치 아주 크게 불어놓은 풍선이 터지는 것처럼 폭발하게 된다고 주장하는 시나리오입니다.

우주의 죽음과 멸망을 상상하다 보면, 정말 한 생명처럼 살아 숨 쉬고 있는 존재라고 느껴집니다. 실존하고 있는 그 존재 안에 저와 여러분이 살고 있다고 생각하니 뭔지 모르게 감동스 럽습니다.

우주의 나이가
138억 년인 이유

현재 가장 합리적이라고 여겨지는 우주의 시작은 '빅뱅
bigbang'입니다. 빅뱅 이론은 우주가 한 점에서 시작했으나
어느 순간 폭발적으로 팽창해서 지금의 우주가 만들어졌다
는 이론인데요. 빅뱅이라는 이름 때문에 우주가 마치 큰 폭
발로 인해 생긴 것처럼 느껴지지만, 실제로는 큰 폭발이 아
니라 공간 자체가 순간적으로 팽창했다는 것에서 나온 이름
입니다.

빅뱅 이론을 뒷받침해주는 수많은 증거 중 가장 대표적인
증거는 '우주 배경 복사Cosmic Microwave Background, CMB'

입니다. 우주 배경 복사는 우주라는 무대의 배경을 채우는 빛들을 말하는데요. 어떤 특정한 천체에서 나오는 빛이 아니라 우주의 배경을 채우는, 눈에 보이지 않는 전파들을 말합니다. 우주를 구성하는 천체들이 무대의 주인공이라면, CMB는 주인공들의 무대를 눈에 잘 띄지 않을 정도로 은은하게 채워주고 있는 배경인 셈입니다.

WMAP이 관측한 CMB의 모습

이 사진은 우주 배경 복사를 탐색하기 위해 발사된 위성 WMAP가 촬영한 우주 배경 복사입니다. 파란 점들은 상대적으로 온도가 낮은 구역이고, 빨간 점들은 상대적으로 온도가 높은 구역입니다. 사진으로 보면 우주 배경 복사의 온도가 제멋대로인 것처럼 보이지만, 이는 상대적인 온도를 나타내는 색깔일 뿐 실제로는 모든 방향에서 거의 같은 온도를 가지고 있습니다.

빅뱅 이론에 따르면 우주는 한 점에서 시작됐습니다. 우주

가 한 점에서 팽창했다면, 이때 만들어진 빛이 우주 공간 곳
곳으로 퍼지게 되었을 겁니다. 그리고 이렇게 우주 곳곳으
로 아주 멀리멀리 퍼진 빛은 에너지를 잃은 채 남아 있겠죠.
WMAP가 발견한 우주 배경 복사가 바로 빅뱅에 의해 만들
어져 우주 곳곳에 퍼져서 남은 빛이라는 증거입니다. 그리고
이 증거를 이용해 우리는 우주의 나이까지 추정해볼 수 있습

빅뱅 후 우주의 소행성들과 은하의 가상 사진

우주를 돌고 있는 위성

니다.

우주 나이를 계산할 때 필요한 건 에드윈 허블의 팽창 이론에 대한 이해와 허블 상수입니다. 우주가 빅뱅 이후 계속 팽창하고 있다는 이론을 펼친 에드윈 허블의 허블 상수를 이용하면 우주가 지금의 크기로 팽창하는 데 걸린 시간, 즉 우주의 나이를 추론해볼 수 있습니다.

허블 상수는 지구로부터 326만 광년 거리당 후퇴 속도를 나타냅니다. 이 허블 상수를 이용해 우주가 지금 크기로 팽창하는 데 걸리는 시간을 계산할 수 있는데, 허블 상수의 역수를 취하면, 그게 바로 '허블 시간Hubble time'이라고 부르는 우주의 나이입니다.

2013년 3월, 유럽우주국의 플랑크 위성이 정밀한 우주 배경 복사 관측으로부터 얻은 데이터로 구한 허블 상수는 약 67.80km/s/Mpc이었습니다. 이 값으로 다시 계산하면 우주의 나이는 137.98±0.37억 년으로, 약 138억 년이 됩니다. 이는 오차가 0.268% 정도로 아주 높은 정확도를 가집니다.